BETH CHATTOS
KIESGARTEN

Gärtnern auf trockenem Standort

Im Gedenken an Andrew Chatto,
der sich ein Leben lang mit der Herkunft der
Gartenpflanzen befasste und die Entstehung
dieses Gartens anregte.

BETH CHATTOS

KIESGARTEN

Gärtnern auf trockenem Standort

Aus dem Englischen von Maria Gurlitt-Sartori

Fotos von Steven Wooster

Seite 1: Blütendolden von *Allium karataviense*, dicht gedrängt über den breiten, purpurüberlaufenen grünen Blattpaaren. Die trockenen Fruchtstände wirken selbst dann noch reizvoll, wenn die Blätter bereits verwelkt sind.

Seite 2: In der damals sieben Jahre alten Bepflanzung präsentiert sich der ehemals nackte Kies überzogen mit einer Fülle von Farben, Strukturen und Formen – am spektakulärsten wohl im Frühsommer. Dennoch wirkt dieser Garten das ganze Jahr über „möbliert", denn die Pflanzen wurden nicht nur um der Blüten willen, sondern ebenso wegen ihrer Laubwirkung und Struktur ausgewählt.

Seite 4: *Allium hollandicum* 'Purple Sensation' (links), *Euphorbia myrsinites* (Mitte) und *Bergenia* 'Eric Smith' (rechts).

Seite 6: Die seidigen Stängel des Grases *Stipa tenuissima* bilden einen subtilen Kontrast zu den lebhafteren Rispen von *Salvia nemorosa* subsp. *tesquicola* und der samtigen burgunderfarbenen Nelke *Lychnis coronaria*.

Die in diesem Buch enthaltenen Empfehlungen und Angaben sind von der Autorin mit größter Sorgfalt zusammengestellt und geprüft worden. Eine Garantie für die Richtigkeit der Angaben kann aber nicht gegeben werden. Autorin und Verlag übernehmen keine Haftung für Schäden und Unfälle. Bitte setzen Sie bei der Anwendung der in diesem Buch enthaltenen Empfehlungen Ihr persönliches Urteilsvermögen ein.
Der Verlag Eugen Ulmer ist nicht verantwortlich für die Inhalte der im Buch genannten Websites.

Anmerkung zur Schreibweise (Gendering): Gendergerechtigkeit und Inklusion sind bei uns gelebte Praxis – bei der Auswahl unserer Themen, bei der Recherchearbeit, in der Gestaltung. Unsere Texte meinen alle. Damit unsere Inhalte jedoch gut lesbar bleiben, verzichten wir in diesem Werk auf die jeweilige Mehrfachnennung oder Anpassung der Schreibweise bestimmter Bezeichnungen an die weibliche, männliche oder diverse Form.

Bibliografische Information der Deutschen Nationalbibliothek
Die Deutsche Nationalbibliothek verzeichnet diese Publikation in der Deutschen Nationalbibliografie; detaillierte bibliografische Daten sind im Internet über http://dnb.d-nb.de abrufbar.

MIX
Papier aus verantwortungsvollen Quellen
FSC® C016973

Die englische Originalausgabe erschienen 2000 unter dem Titel Beth Chatto's Gravel Garden bei Frances Lincoln Ltd, GB.

Wollgrasweg 41, 70599 Stuttgart (Hohenheim)
E-Mail: info@ulmer.de
Internet: www.ulmer.de
Titelfoto: GAP Photos/Andrea Jones; Design: Beth Chatto
Projektleitung: Doris Kowalzik
Übersetzung: Maria Gurlitt-Sartori
Lektorat: Alessandra Kreibaum, Sabine Drobik
Herstellung: Birgit Heyny
Umschlaggestaltung: Anette Vogt, red.sign GbR, Stuttgart
Satz: r&p digitale medien, Echterdingen
Printed in China

ISBN 978-3-8186-1570-3

INHALT

EINLEITUNG ZUR AKTUELLEN AUSGABE

Seit seiner Entstehung im Jahre 1990 hat uns Beth Chattos Kiesgarten alle überrascht, inspiriert und weitergebildet. Die frühen Jahre des Experiments haben uns rasch gezeigt, wo die Grenzen lagen sowie welche Pflanzen überleben würden und welche nicht. Obwohl wir darauf beharrten, gewisse Arten zu pflanzen, in der Erwartung, dass sie noch gedeihen würden, wurden wir schließlich eines Besseren belehrt. Wir haben dann auch verstanden, dass – genauso wie in deren Heimat – viele Pflanzen in den Überlebensmodus zu wechseln scheinen, um längere Perioden ohne Regen zu überstehen. Dadurch kann der Kiesgarten während der trockeneren Sommermonate recht ausgedörrt erscheinen, was in der Tat auch der Fall ist; auch die Farben werden gedämpft, im Vergleich zur Leuchtkraft des Frühsommers, wenn noch etwas Feuchtigkeit im Boden vorhanden ist.

Die Devise „richtige Pflanze, richtiger Standort" wird oft im Zusammenhang mit den Gärten von Beth Chatto gebracht, und tatsächlich stellt diese Devise auch die Basis unserer Philosophie dar. Sie bezieht sich nicht nur auf die Bedingungen, die eine Pflanze braucht, um ihr volles Potenzial zu entfalten, sondern auch auf deren Form, Größe und ästhetischen Reiz bezüglich der benachbarten Pflanzen. Beispielsweise war es schon von vornherein klar, dass eine Säuleneibe, *Taxus baccata* 'Fastigiata', die im Kiesgarten als Höhepunkt eines kleinen Inselbeetes gesetzt wurde, immer größer wachsen und schließlich aus dem Inselbeet noch hinauswachsen würde. Gewiss hätten wir die Eibe regelmäßig auch stutzen können, aber stattdessen haben wir nach tragfähigeren Alternativen gesucht. Anfangs dachten wir, dass das benachbarte Riesen-Federgras, *Stipa gigantea*, – von der Höhe her weitaus passender – ein recht guter Ersatz hätte sein können, aber es wurde uns doch klar, dass die Pflanzenhöhe, die im Frühsommer erreicht wurde, im Winter dann wieder verlorenginge, nachdem die abgestorbenen Blütenstiele abgeschnitten wurden. Demzufolge haben wir die Eibe durch eine große buntlaubige *Yucca gloriosa* 'Variegata' ersetzt. Vor unserem geistigen Auge funktioniert das zwar, aber nur die Zeit wird es uns wirklich zeigen.

Andere Entscheidungen wurden uns eher aufgezwungen. Ein verrückter Windstoß im kleinen Kiesgarten hat irreparablen Schaden am Judasbaum, *Cercis siliquastrum*, verursacht. Das war wirklich schade, aber wir haben in der Zwischenzeit gelernt, in scheinbar widrigen Situationen nach neuen Möglichkeiten zu suchen.

Eine der größten Freuden des Gärtnerns ist ganz gewiss, neue Pflanzen auszusuchen. Im Laufe der Jahre haben sich mehrere zusätzliche Arten als Hauptmerkmale des Kiesgartens etabliert. Bei der erneuten Lektüre des Kapitels „Der zarte Schleier des Hochsommers" fiel zum Beispiel schon auf, dass zwei unserer Pflanzen, die inzwischen zu den absoluten Höhepunkten in Juli zählen, im damaligen Kapitel noch keine Erwähnung fanden. Sowohl der Kalifornische Strauchmohn, *Romneya coulteri*, als auch das Reiher-Federgras, *Stipa barbata*, sind im Sommer so unersetzlich geworden, dass wir uns an ihr früheres Fehlen kaum noch erinnern können. Andere neue und unschätzbare Einführungen sind die anschaulich benannte *Sedum* 'Red Cauli' sowie das bezaubernde neue Purpurblättrige Eisenkraut, *Verbena officinalis* var. *grandiflora* 'Bampton'.

Beth Chattos Programm der jährlichen Erneuerung sowie die Verfahren, die in diesem Buch so praktisch und sorgfältig beschrieben sind, werden nach wie vor von Obergärtnerin Asa Gregers-Warg und ihrem engagierten Team eng eingehalten. Beths Ansatz zur Bodenvorbereitung sowie ihre Pflanzenwahl und ihre akribisch ausgedachte Nachsorgeroutinen haben sich zur Erneuerung und Aufrechterhaltung der Lebendigkeit dieses großartigen Gartens als unerlässlich erwiesen.

Zusammen hoffen wir, die gemeinsame Erfahrung fortzusetzen, von Beth Chattos fortlaufendem Gartenbauexperiment auf trockenem Standort zu lernen, und vor allem auch Spaß daran zu haben.

David Ward
Garten- und Gärtnereileiter, Beth Chatto's Plants and Gardens

WAS IST EIN KIESGARTEN?

Seite 8:
Blassrosa Ähren von *Linaria purpurea* 'Canon Went' tauchen passend zwischen der unentbehrlichen, langblühenden Steppen-Wolfsmilch, *Euphorbia seguieriana*, auf, während im Hintergrund *Diascia integerrima* und *Nepeta racemosa* 'Walker's Low' diese Sommeransicht vervollständigen.

Wodurch unterscheidet sich ein Kiesgarten von anderen Formen der Gartengestaltung? Da mir diese Frage immer wieder gestellt wird, möchte ich zunächst erläutern, welche Standortbedingungen in meinem Garten in Essex herrschen, denn sie sind die Voraussetzung für jeden, der einen solchen Garten anlegen möchte; zugleich aber ist auch die Philosophie meiner Planung und Bepflanzung zu erörtern. Sie gilt gleichermaßen für den Kiesgarten, den ich 1991 anzulegen begann, wie für den neueren kleinen Kiesgarten, in dem ich Inselbeete für kleinere Pflanzen geschaffen habe, die sich im großen Kiesgarten nur schwer durchsetzen könnten.

Wo immer wir leben, wir müssen uns nach dem Zuviel oder Zuwenig an Wasser und nach den Temperaturverhältnissen richten. Ob man nun von der Theorie der globalen Erwärmung überzeugt ist oder nicht, fest steht, dass sich das Klima verändert. Aufzeichnungen, die wir seit vierzig Jahren führen, belegen, dass hier, auf Sommer und Winter gleichmäßig verteilt, im Durchschnitt 500 mm Niederschläge pro Jahr fallen. In den letzten Jahren hatten wir Sommer, in denen es im Juli und August lediglich hin und wieder tröpfelte – gerade genug, um den Staub abzuwaschen. Trotz des einen oder anderen Ausschlags ins Gegenteil, sind die Sommer inzwischen heißer mit Temperaturen um bis zu 30 °C. Die Winter hingegen sind so mild, dass die Eisschicht kaum ausreicht, um eine Ente zu tragen, während es früher Winter gab, in denen im Anschluss an die Wettervorhersage darauf hingewiesen wurde, die Pastinaken und den Lauch einzulagern, bevor der Boden so hart gefroren sein würde, dass sie sich nicht mehr ausgraben ließen.

Ganz gleich, wo sich unser Garten befindet, wir kommen nicht umhin, uns nach dem Boden zu richten. Unserer basiert auf Sedimentgestein, das sich beim Abschmelzen eines Gletschers vor etwa 20 000 Jahren abgelagert hat. Große Auswaschungen und Flüsse schmelzenden Eises müssen sich über unseren Ostküstenstreifen ergossen und dort, wo die Strömung am stärksten war, ganze Kiesbänke angehäuft haben, während sich in der eher ruhigen Flachwasserzone feiner Sand, Schlick oder Ton absetzten. In den Kiesgärten besteht der Boden wie auf einem Großteil meines 6,15 Hektar umfassenden Geländes aus Geröll, einer Mischung aus Steinen und gelbem Sand, die aussieht wie am Strand von Frinton-on-Sea, nur wenige Meilen von uns entfernt. In anderen Gartenbereichen haben wir Schlick und Ton und können ganz andere Pflanzen ziehen.

Angesichts der herrschenden Bedingungen schien ein Kiesgarten natürlich eine gute Idee, aber sie stammt nicht allein von mir. Sowohl vor als auch nach mir haben Gartenfreunde Stein- oder Kiesgärten angelegt – sie sind in den letzten Jahren regelrecht in Mode gekommen. Aber meine Version eines Kiesgartens ist ganz auf meine spezifischen Boden- und Standortbedingungen abgestimmt – kein Fleckchen Erde, das mit einem beliebigen Pflanzensortiment gefüllt und dann, um der dekorativen Wirkung willen, mit Steinen bedeckt wurde. Und obwohl ich im Kiesgarten eine große Vielfalt an Pflanzen ziehe, die unter ganz ähnlichen Bedingungen überall in den gemäßigten Zonen gedeihen, muss ich das Wort ähnlich hervorheben, da bedeutend höhere Sommer- oder wesentlich niedrigere Wintertemperaturen als bei uns die Auswahl einschränken würden.

Unsere Besucher staunen immer, wenn wir ihnen vorführen, wie die „Erde“ in unserem Kiesgarten aussieht. Die Ladung stammt aus einem Graben, den wir durch den Garten zogen, um sämtliche oberirdischen Kabel unterirdisch zu verlegen. Kies und Sand reichen bis in 6 m Tiefe, darunter befindet sich eine Tonschicht.

Ich betone deshalb ausdrücklich, dass Nachahmungen meines Kiesgartens nicht zwangsläufig erfolgreich oder praktikabel sind, sofern nicht auch die Voraussetzungen, die meiner Pflanzenverwendung zugrunde liegen, eingehalten werden. Immer wieder berichten Besucher meines Gartens, sie hätten auch versucht, einen Kiesgarten anzulegen, aber ihre Pflanzen seien längst nicht so schön und kräftig wie in meinem; was sie falsch machten, könnten sie sich allerdings nicht erklären. Auf meine Frage, was für einen Boden sie haben, bekomme ich zur Antwort, „sehr guten“. „Und die Niederschläge?“ „Doppelt so viel wie hier“, versichern sie mir. Dann sage ich ihnen lachend, dass ich auf gutem Lehmboden und bei reichlichem Regen keine solchen Trockenkünstler ziehen würde, sondern so beliebte Pflanzen wie Rittersporn, Phlox, Astern und viele andere begehrenswerte Arten, die unter so günstigen Bedingungen problemlos gedeihen. Weder hatte ich je das Glück, in einer Gegend zu gärtnern, in der die durchschnittliche Niederschlagsmenge 630 mm übersteigt, noch verfüge ich über Erfahrung mit flachgründigem Felsboden in Vorgebirgs- oder Bergregionen. Ich würde mir auch kaum zutrauen, Gärtner im regenreichen Wales, auf den windgepeitschten Schottischen Inseln, in den Kalksteindörfern der Cotswolds, den sonnenverbrannten Hügellandschaften Kaliforniens oder den mit Ahorn bewachsenen Hängen Neuenglands zu beraten. Aber angenommen, man versetzte mich dorthin, so würde ich den örtlichen Stein, ob flache Schieferplatten oder Splint, mit Freuden nutzen, um den Boden abzudecken und Auswaschungen sowie dem abwechselnden Durchnässen und Austrocknen entgegenzuwirken, das Keimen von Unkraut zu verhindern, die Feuchtigkeit zu halten und die Wurzeln der für diese Standorte geeigneten Pflanzen zu schützen.

Einige Jahre hatte ich davon geträumt, einen Kiesgarten anzulegen, in dem Pflanzen wachsen sollten, die unseren Bedingungen entsprechen, anstatt Sommer für Sommer zuzusehen, wie sich der Rasen über Wochen semmelgelb färbte. Ich wollte herausfinden, welche Pflanzen ohne künstliche Bewässerung überleben würden, und war darauf gefasst, einige der vielen Neueinführungen zu verlieren, die noch nicht ausreichend auf ihre Toleranz gegenüber Trockenheit, Kälte und Feuchtigkeit erprobt waren. Sie müssten dann eben durch andere, widerstandsfähigere Pflanzen ersetzt werden. Ich hoffte, Erfahrungen zu sammeln, die ich meinen Besuchern weitergeben könnte, um ihnen zu zeigen, dass sich auch ohne Bewässerung ein schöner Garten schaffen und erhalten lässt. Auch konnte ich mir lebhaft vorstellen, wie bitter es Gartenliebhabern aufstoßen musste, bei uns überall Schläuche herumliegen zu sehen, während sie selbst wochenlang nicht gießen durften.

So gesehen war mein Kiesgarten ein Experiment. Glücklicherweise verfüge ich über genügend Raum dafür. Nicht jeder Gartenfreund besitzt schließlich eine derart große „Leinwand“ wie ich hier; aber die meisten Gärten bestehen aus sonnigen und schattigen Bereichen, die unterschiedliche Maßnahmen und Pflanzen erfordern. In der Regel kommen die Leute mit sonnigen Standorten gut zurecht, und dank solchen Pflanzen, wie sie überall auf der Welt in Waldgebieten wachsen, müssen selbst dunkle Bereiche nicht reizlos und eintönig wirken, nur weil dort keine Rosen und Dahlien gedeihen. Schattenplätze können sogar, wie bei mir hier, zu

Gegenüber:
Der Kiesgarten heißt so, weil Kies und Sand bis in 6 m Tiefe reichen, darunter befindet sich eine Tonschicht. Ein derart magerer Boden verlangt nach zusätzlichen organischen Materialien, um den jungen Pflanzen die besten Voraussetzungen zu geben, sich etablieren zu können.

einem ganz besonderen Bereich des Gartens werden. Der Erfolg hängt nicht zuletzt vom Wissen um die Verbreitungsgebiete der Pflanzen und ihre Lebensgemeinschaften in der Natur ab.

Während der letzten fünfzig Jahre ist das Interesse an Wildpflanzen – den Arten, wie sie in der Natur vorkommen – enorm gestiegen. Vor dem Zweiten Weltkrieg galten indes die Züchtungen als die „richtigen" Pflanzen für schöne Gärten; sie wurden von Gärtnern eingeführt, die die Wildpflanzen solange „veredelten", bis sie größer, farbenprächtiger und stärker gefüllt waren als alles, was man bis dahin kannte. Darunter waren zweifellos einige Verbesserungen, die noch heute gefragt sind. Noch immer werden Wildarten neu eingeführt, aber nicht alle sind gartentauglich. Sie haben unsere Einstellung zur Gartengestaltung verändert und spielen eine wichtige Rolle in unserem Sortiment, wobei wir uns bei einer neuen Pflanze oft eingestehen müssen, dass wir wenig oder gar nichts über ihre Ansprüche wissen und keinerlei Ahnung haben, in welchen Lebensgemeinschaften sie an ihrem natürlichen Standort vorkommt. War sie ursprünglich im Schutz von dichtem Unterholz, auf tiefgründigem schwarzem Wiesenboden oder auf einer sonnengedörrten Böschung angesiedelt? – Informationen, die jedem Gartenfreund bei der Wahl standortgerechter Pflanzen helfen würden. Meine Kenntnisse über Pflanzengemeinschaften unter spezifischen Lebensbedingungen verdanke ich meinem Mann Andrew, der sich zeit seines Lebens intensiv mit der Herkunft der Gartenpflanzen befasste. Hinzu kamen meine Reisen ins Ausland, wo mich oft ein regelrechter Schauder ergriff, wenn ich Pflanzen, die ich aus meinem Garten kannte, an ihrem natürlichen Standort oder Umfeld entdeckte.

Andrews Interesse an der Pflanzenökologie erwachte vor mehr als fünfundsiebzig Jahren, während er als Jugendlicher ein paar Jahre an der Westküste Kaliforniens lebte. Eine Zeit lang wohnte er mit seinen Eltern an der Laguna Beach – damals ein kleines Fischernest, das sich während der letzten fünfzig Jahre dann allerdings zu einem Wohnsitz der Reichen entwickelte und wo jüngst durch Waldbrände die Villen berühmter Filmstars verwüstet wurden. Andrew durchstreifte die unberührten Hügel im Landesinnern und stieß auf Pflanzen, die ihm vertraut waren, weil er sie bereits aus den Gärten Englands kannte: die blaue Säckelblume (*Ceanothus*), Azaleen, Beifuß (*Artemisia*) und die leuchtenden Teppiche von *Eschscholzia*, dem orangefarbenen und gelben kalifornischen Goldmohn. Wie waren sie nach Kalifornien gekommen? Die Antwort hieß natürlich, dass alle diese Pflanzen dort heimisch sind, wie Holunder und Brombeersträucher in England. Obwohl Andrew später von Beruf Obstbauer wurde, war mit jener Erfahrung das Samenkorn gelegt, aus dem sich sein Interesse an der Ökologie der Gartenpflanzen entwickeln sollte. Es umfasst nicht nur das Land, aus dem eine Pflanze stammt, sondern auch die Lebensbedingungen: das Klima, den Boden, die vielen verschiedenen Pflanzenarten, die sich zu einer Lebensgemeinschaft zusammenfinden.

Selbstverständlich können wir im Garten nicht die Natur nachbilden, es wäre im Grunde auch nicht wünschenswert. Wer fände schließlich Gefallen an Beeten voller Nesseln oder einem Dickicht von Schlehen, selbst wenn sie im Naturkreislauf ihre Berechtigung haben und erhaltenswert sind. Und doch erscheint uns ein Teppich aus Hasenglöckchen im Schatten von Buchen, der Anblick von Primeln auf Tonboden unter Eichen oder ein feuchter Wiesengrund, der von Butterblumen

überzogen goldgelb leuchtet, bezaubernder als alles, was wir je zu schaffen vermögen. In unseren Gärten aber geht es um mehr. Hier lernen wir, Pflanzengesellschaften zu bilden, die die Blütezeit verlängern und Bilder ergeben, die uns das ganze Jahr über erfreuen.

Bald nach dem Zweiten Weltkrieg machten wir unsere erste Auslandsreise nach Saas Fee im schweizerischen Kanton Wallis. Ich erinnere mich gut, wie wir mit Rucksäcken talaufwärts wanderten, um das Bergdorf, das inzwischen zu einem Touristenzentrum geworden ist, zu erreichen. Immer wieder mussten wir uns gegen die Felswände drücken, um einem Zug Esel Platz zu machen, der mit Körben voll bepackt den steinigen Pfad hinauf oder hinunter zog. Hier in den Hochalpen über dem Dorf – zu hoch, wie wir inbrünstig hofften, um je durch moderne Bettenburgen und Freizeitattraktionen verschandelt zu werden – fand ich mich, dicht unterhalb der Schneegrenze, erstmals in den Gärten der Natur. Auf einmal begriff ich, dass jeder Standort, ob steinige Hänge über hohen Bergpässen der Sonne und dem Wind ausgesetzt, Nordwände oder feuchte Schluchten und Bachufer, über ganz spezifische, an diese Standorte angepasste Pflanzengruppen verfügt. Und jede dieser Gruppen ergab Bilder, die mir bis heute unvergesslich vor Augen stehen. Von der Sonne ausgedörrte Geröllhalden und Moränen im späten Frühjahr, flirrend vor Leben und Farbe, wurden unterirdisch mit dem Schmelzwasser der Gletscher gespeist, sodass die oberirdischen Pflanzenteile trocken blieben, die Wurzeln in der Wachstumsphase aber genügend Feuchtigkeit erhielten. Allmählich konnte ich verstehen, warum viele Pflanzen, die ich hier wieder erkannte – *Trollius*, *Persicaria* und *Thalictrum* – bei uns nicht gedeihen. Es ist einfach viel zu trocken. Unserem Steingarten fehlten die Voraussetzungen, um das charakteristische Bild der Alpenflora zu erreichen: kompakte Polster, eingeklemmt zwischen Felsspalten, mit winzigen leuchtenden Blüten besetzt. In die freundlicheren Niederungen verpflanzt, verkommen diese Pflanzen, nun nicht mehr durch die rauen Bedingungen in Zaum gehalten, zu wuchernden, untypischen Matten.

Im Herbst 1989 wurden Christopher Lloyd und ich zu einer Vortragsreise eingeladen, die uns in einem Monat rund um den Globus führte. Wir hätten in jedem einzelnen Land diese Zeit benötigt, um seine ganze Vielfalt – nicht nur die der Pflanzen, sondern auch der Menschen – aufnehmen und begreifen zu können. Stattdessen mussten wir uns mit den flüchtigen Eindrücken begnügen, die wir oft nur in wenigen Stunden oder ein bis zwei Tagen gewinnen konnten. Aber die Erinnerung daran lässt mich bis heute nicht los. Auf Neuseeland fanden wir die Ausläufer der Neuseeländischen Alpen mit niedrigen, büschelartigen Pflanzen überzogen, die über der dazwischen sichtbaren kahlen braunen Erde einförmig wie Pfefferkörner wirkten. Sie hatten die gleiche Farbe wie viele grasartige Pflanzen, die mich an Bilder von Buschmännern erinnern, deren nackter Schädel zwischen den dichten Büscheln schwarzer Löckchen durchschimmert. In den höheren Lagen bot sich uns eine abwechslungsreichere Vegetation, auch kleine kompakte Büsche mit ledrigen Blättern. Als wir das klare Grün unserer ersten *Hebe* entdeckten, hielt uns nichts mehr im Auto – wir mussten zu Fuß weiterforschen. Unter einem Felsvorsprung stieß ich auf eine der ersten Pflanzen, die ich identifizieren konnte, *Cassinia leptophylla* subsp. *fulvida*, deren winzige Blätter und Triebe, golden schimmernd in ihrem gelben Filzmantel, anmutige 90–120 cm hohe, immergrüne Büsche bilden. Dicht daneben ein Gewächs, das große Ähnlichkeit mit unserer vertrauten blaulaubigen *Hebe pinguifolia* 'Pagei' zeigte und von dem sich das Grün ausladender kleiner Büsche von *Gaultheria* abhob; sie dürfte bei uns nicht ausreichend winterhart sein, ließe sich aber durch die nordamerikanische *Gaultheria procumbens* ersetzen, sodass alle diese Pflanzen in nahezu jedem Garten mit gut durchlässigem Boden, extrem raues Klima ausgenommen, reizvolle Kontraste und Begleiter für Heidekrautgewächse bilden könnten. Überall um die Sträucher verteilt fanden sich im steinigen Boden Teppiche von *Acaena* und die silbernen kriechenden Triebe verschiedener *Raoulia*, überdies zu meiner großen Freude eine ganze Kolonie des winzigen bronzelaubigen *Geranium sessiliflorum* subsp. *novae-zelandiae* 'Nigricans', das sich an den exponierten Stellen ausgesät hatte. Oft werden in den Gebirgsregionen Pflanzen, die, der vollen Sonne ausgesetzt, eigentlich verbrennen müssten, gekühlt und feucht gehalten von aufsteigender Warmluft aus den Niederungen, die in den oberen Regionen auf Kaltluft stößt und folglich Feuchtigkeit freisetzt. Wir haben diese Erfahrung am eigenen Leib gemacht, als sich die Wolken über uns zusammenzogen und wir von eiskalten Nebelschwaden regelrecht durchweicht wurden.

Als wir später in einem stellenweise ausgetrockneten Flussbett auf mächtigen, vom Wasser rundgeschliffenen Steinen unsere Lunchpakete auspackten, kam mir erstmals der Gedanke, einen Kiesgarten anzulegen. Von Sandfliegen geplagt, wanderten wir einen steinigen Strand entlang, wo wir eine Kolonie von *Leptospermum scoparium* entdeckten, die von einer Böschung herunterhing. Die frühen Siedler sollen aus den kleinen, aromatischen Blättern Tee bereitet haben. In ihrer Kulturform wächst die Pflanze in geschützten britischen Gärten; jedes Mal, wenn ich sie auf der Chelsea Flower Show sehe, überkommt mich eine schier unwiderstehliche Versuchung, sie zu erwerben, so sehr sprechen mich ihre einfachen oder gefüllten weißen, roten oder rosaroten Blüten an, die an schlanken, überhängenden Zweigen in dichten Büscheln zwischen den kleinen Blättern hervorschauen. Verwandt mit *Leptospermum*, liefert *Melaleuca alternifolia* (beide gehören zur Familie der Myrtaceae) das für seine antiseptische und heilende Wirkung bekannte Teebaumöl. Entlang der Wegränder entdeckten wir Gruppen von *Griselinia littoralis* mit ihren apfelgrünen, seifig glatten Blättern und *Pittosporum*. Beide immergrünen Pflanzen lassen sich in britischen Gärten ziehen, gehen in extrem kalten Wintern aber leicht verloren.

Wir stießen auch auf *Phormium*, *Brachyglottis*, *Olearia* und verschiedene *Aciphylla*-Arten mit schmalen und mit schwertförmigen silbergrauen Blättern. Äußerst liebenswert waren die stark variierenden Formen von *Celmisia*. Manche haben große, hübsche Rosetten aus grauen, zungenförmigen Blättern, während andere mit winzig kleinen, von weißen Margeritenblüten übersäten Blattrosetten die steinigen Hänge schmücken; seltsam, dass ein Großteil der Blüten in Neuseeland weiß ist. Wie gern würde ich einige *Celmisia*-Arten in meine Pflanzenliste für die kleinen Kiesbeete aufnehmen. Aber meine bisherige Erfahrung sagt mir, dass ich es nicht riskieren sollte, denn wahrscheinlich würde ich sie auf meinem trockenen Standort verlieren. Andererseits gedeihen inzwischen viele Pflanzen, die ich in Neuseeland wild wachsen sah, entweder in meinem Kiesgarten oder in den Geröllbeeten im kleinen Kiesgarten.

Einige Jahre nachdem ich meinen Kiesgarten angelegt hatte, war ich zu Besuch bei Christopher Lloyd. In Begleitung einiger junger Freunde brachen wir zu einem Tagesausflug nach Dungeness an der Küste von Kent auf. Natürlich begannen wir auf unserem Streifzug bald schon, Nase gen Boden, zu botanisieren, wobei wir uns immer wieder wunderten, wie Pflanzen angesichts derart mörderischer Bedingungen – von den Wellen gepeitschten Steinen und einem unaufhörlichen Wind – überleben konnten. Und doch hatte ich noch nie so schöne, ja geradezu spektakuläre Gruppen von Meerkohl (*Crambe maritima*) gesehen, die auf kräftigen, verzweigten Blütenstielen beachtliche Sträuße mit erbsengroßen Samenkapseln trugen. Bewundernswert, denn in meinem Garten bilden sie nie solche Fruchtstände. Christopher amüsierte sich köstlich über meine Verunsicherung, Fingerhüte und den Salbei-Gamander, *Teucrium scorodonia*, anzutreffen, die meines Wissens hier ganz und gar nichts verloren hatten, weil sie normalerweise an Waldrändern wachsen. Aber bis auf einzelne Gruppen verkrüppelter Stechpalmen, die der Wind zu bizarren Gestalten geformt hatte, war an diesem schier endlosen Kiesstrand nichts auszumachen, was sich auch nur annähernd als Wald bezeichnen ließ. Als wir, immer wieder über die Steine strauchelnd, bald dahin, bald dorthin zogen, entdeckte ich zu meinen Füßen plötzlich einen wolligen Ball von *Santolina chamaecyparissus*, der unmittelbar dem Strand zu entwachsen schien, umgeben von anderen graulaubigen Pflanzen, Mohnblumen und Nelken, dazwischen überall eigenartige Artefakte aus Treibholz und Strandgut, wie es Wind und Flut anschwemmen. Als ich aufschaute, merkte ich, dass wir unversehens in einem fremden Garten standen. Nirgends war eine Absperrung, in der Nähe lediglich eine kleine Fischerhütte mit schwarz gestrichenen Holzpaneelen und kanariengelben Tür- und Fensterrahmen. Christopher, auf seine Kamera fixiert, war bezaubert und schien alles um sich vergessen zu haben. Ich erfasste die Situation augenblicklich und blieb wie angewurzelt stehen. Man hatte uns bereits beobachtet. Ein junger Mann erschien, hörte sich unser Gestammel an Entschuldigungen an und verschwand wieder. Im selben Moment trat eine große, hagere Gestalt auf uns zu – kein Fischer. Es war der Filmproduzent Derek Jarman. Mit spontaner Herzlichkeit hieß er uns willkommen – Menschen, die er noch nie zuvor gesehen hatte; was uns verband, war die Freude über die Pflanzen, die auf dem kargen Strandkies, etwa 50 m vom Ufer entfernt, überleben konnten. Ich bedauerte sehr, kein Notizbuch bei mir zu haben, um die ganze Vielfalt dessen aufzuzeichnen, was an einem Ort, an dem man es nie für möglich hielte, offensichtlich bestens gedieh. Aber die kurze Begegnung mit diesem einzigartigen und mutigen Menschen wird mir immer in Erinnerung bleiben. Ich spürte, wie auch er durchdrungen war vom Wunder dieser Pflanzen.

Nachdem ich in Dungeness erlebt hatte, unter welch unwirtlichen Bedingungen Pflanzen gedeihen, war ich entschlossener denn je, mein Experiment fortzusetzen.

Enttäuschungen und Fehlschläge werden nicht ausbleiben; und doch sehe ich tagtäglich beglückt und staunend, wozu Pflanzen fähig sind, wenn man ihnen eine Chance gibt. So hoffen wir, unseren Erfahrungshorizont mit der Zeit zu erweitern, um nach bestem Wissen und Gewissen sagen zu dürfen: Wir bieten den Pflanzen optimale Wachstumsbedingungen.

DER BEGINN IM KIESGARTEN

Ich habe in meinem Garten nahezu vierzig Jahre lang trockenheitsverträgliche Pflanzen gezogen und sehe voller Dankbarkeit, wie viele schöne Arten hier überleben und trotz regelmäßiger Trockenperioden zuverlässig beständig sind. Im Herbst 1991 war ich entschlossener denn je, sie noch weit intensiver einzusetzen. Wir verlegten den Besucherparkplatz, der sich seit fünfundzwanzig Jahren auf der Grasfläche vor unserem Haus befand, auf ein neu planiertes Gelände, das ich hinzugekauft hatte. Was aber tun mit einer etwa 0,35 Hektar großen Fläche aus struppigem Gras und einem von den Autos verdichteten Boden? Da wir wahrscheinlich die geringsten Niederschläge in England haben und womöglich mit noch trockenerem Klima rechnen müssen, erschien es kaum sinnvoll, das Gelände erneut für Rasen vorzubereiten, obwohl es verlockend war, denn mit dem Mäher darüber zu fahren, schien zunächst weniger Aufwand, als einen neuen Garten anzulegen. Aber ich wusste, wie mager der Boden war, und so gruben wir, um ihn genauer zu untersuchen, einen etwa 45 cm tiefen Sichtungsgraben. Was unter der nur wenige Zentimeter starken Schicht dunkler Erde zum Vorschein kam, war unglaublich: nichts als gelber Sand und Kies. Diese Schicht setzt sich bis in 6 m Tiefe fort, wo sie auf einen Unterboden aus Ton trifft. Ein solcher Untergrund, gekoppelt mit geringen Niederschlägen und austrocknendem Wind, bedeutet unweigerlich, dass das Gras im Sommer wie Toast geröstet wird, ganz gleich, wie viel Kompost man einarbeitet. Anstelle von Gras wollte ich lieber dekorative Pflanzen verwenden, die an so karge Bedingungen angepasst waren.

Als wir im Herbst 1991 begannen, hieß es als Erstes, das von den Autos abgewetzte Gras mit einem Vollherbizid zu behandeln. Nachdem sich die Grasnarbe bald darauf braun verfärbt hatte, legte ich mithilfe von Wasserschläuchen die Konturen meines Kiesgartens, die Form der Rabatten und Inselbeete auf der freien Fläche aus. Wesentlich lieber als auf dem Papier plane ich unmittelbar im Gelände, wo ich die Umrisse mit Schläuchen in jeder nur verfügbaren Länge auf dem Boden markieren kann. Da die Fläche etwa rechteckig war, aber keine geraden Ränder aufwies, kam eine formale Gestaltung nicht infrage. Mir schwebte vielmehr ein ausgetrocknetes Flussbett vor: ein sanft geschwungener Weg über die gesamte Länge des Terrains und lange, gewundene Rabatten von mehreren seitlich abzweigenden Wegen unterbrochen, in der Mitte Platz für große, von Kies umspülte Inselbeete. Dabei merkte ich rasch, dass ich mehrere Inselbeete auf einmal auslegen musste, um sie in der Proportion aufeinander abzustimmen; außerdem galt es bereits, den nächsten Abschnitt einzubeziehen, um den natürlichen Fluss des zentralen Hauptwegs und der kleinen Seitenwege zu sichern. Lässt man das Gesamtbild nämlich außer Acht, entsteht ein Sammelsurium wahllos verstreuter Beete, aber kein harmonisches Ganzes. Ich machte eine grobe Skizze des gesamten Bereichs und trug die wichtigsten Maße ein, bevor die Schläuche entfernt und der Boden vorbereitet wurde.

In anderen Bereichen des Gartens werden die Beete von Hand umgestochen oder umgegraben, wenn Erneuerungen geplant sind, aber hier war die Fläche so groß, dass das nicht mehr praktisch war. Als Erstes benutzten wir einen Unterbodenlockerer, um die verdichtete Erde aufzureißen. Dieses hervorragende Werkzeug, scharf angewinkelt wie die Hinterbeine eines Insekts, kann bis zu 60 cm tief

Dieses Foto aus dem Jahr 1991 zeigt, wie eine Wiese aussieht, auf der seit 25 Jahren Autos parken.

in den Boden eindringen und die harte Pflugsohle aufbrechen, um sie für Regen und Wurzeln durchlässig zu machen. Als Nächstes wurde das gesamte Gelände gepflügt, um die Grassoden unterzugraben. Einige Wochen darauf, im Januar 1992, liehen wir uns eine Ackerwalze, um die Furchen leicht einzuebnen. So konnte ich mithilfe aller nur verfügbaren Schläuche meinen ursprünglichen Entwurf auf einer glatten Fläche auslegen.

Weil ich weiß, wie trocken der Boden werden kann, bedeckten wir die Oberfläche der Beete mit einer dicken Schicht selbst bereitetem Kompost, Pilzsubstrat und Asche. Eine solche Maßnahme fördert die Wasserspeicherfähigkeit und führt dem Boden, zwei Spaten tief eingearbeitet, Nährstoffe zu, die in den ersten Monaten lebenswichtig sind. Es mag übertrieben erscheinen, für trockenheitsverträgliche Pflanzen zwei Spaten tief Kompost einzuarbeiten, aber hier handelt es sich nicht um normalen Gartenboden. Wir gärtnern praktisch wie am Strand. Und weil es einfach unfair ist, zu erwarten, dass die Pflanzen mit den widerwärtigsten aller Bedingungen zurechtkommen, wollten wir für gute Startbedingungen sorgen. Erst einmal eingewachsen, bewirkt die geringere Verfügbarkeit an Nährstoffen einen zähen, drahtigen Wuchs und macht die Pflanzen widerstandsfähig gegen Trockenheit und winterliche Kälte.

Derselbe Standort im Januar 1992: Der verdichtete Boden wurde aufgebrochen, die Form der Beete mithilfe von Schläuchen markiert und eine dicke Schicht Kompost aufgebracht.

DIE BEPFLANZUNG IM ERSTEN JAHR

Anfang März 1992 hatte sich der Boden gesetzt, die Wege waren mit Kies belegt und meine „weiße Leinwand" wartete nur noch auf die Bepflanzung. In der Mitte hatte ich ein großes Plastikfass mit Wasser platziert, daneben konnte ich meinen Wagen mit den Pflanzen abstellen, jeden Topf eintauchen und sehen, wie die Luftblasen aufstiegen, bis der Wurzelballen durchtränkt war. Es empfiehlt sich grundsätzlich, jede Pflanze aus dem Gartencenter oder einer Gärtnerei zunächst einmal in einen Eimer zu tauchen, bis keine Blasen mehr aufsteigen. Selbst wenn sie feucht wirkt, kann das Substrat im Topf so trocken sein, dass es schwimmt, bevor es genügend Wasser aufgenommen hat. Die Hohlräume werden mit Wasser gefüllt und die ausgetrocknete Erde quillt auf. Jede Pflanze wurde dann angegossen; es sollte das erste und das letzte Mal sein, dass ein Schlauch zum Einsatz kam.

Im ersten Jahr brachte ich keine Mulchschicht auf, denn erfahrungsgemäß fördert ein lockerer, durch Kompost angereicherter Boden auch einen üppigen Wuchs von Unkrautsämlingen. Am besten bekommt man das Problem in den Griff, wenn man in der ersten Vegetationsperiode hackt. Sobald man eine Mulchschicht aufgebracht hat, sollte diese möglichst ungestört liegenbleiben. Die Beete wurden mit einer Ziehhacke bearbeitet – meiner Ansicht nach die brauchbarste aller langstieligen Hacken, denn mit einer einfachen Stoß- und Ziehbewegung durchschneiden sie den Boden. Für die Feinarbeit im Umkreis kleiner Pflanzen verwende ich am liebsten eine kleine Zwiebelhacke mit kurzem Griff, vorzugsweise eine, die durch jahrelangen Gebrauch schon etwas abgewetzt ist, nicht die breiten klobigen Geräte, die man neu kauft. Während der ersten aufregenden Monate waren meine Gärtnerinnen derart hinter dem Unkraut her, dass ihm keinerlei Zeit blieb, Samen anzusetzen, sodass wir uns gemeinsam an der raschen Entwicklung der Pflanzen freuen durften.

Aber noch einmal zurück zum März und meiner „weißen Leinwand". Ich habe in diesem Stadium ein ganz ähnliches Gefühl, als wenn ich ein leeres Blatt Papier vor mir liegen habe und noch nicht weiß, mit welchen Wörtern und Sätzen ich es füllen werde – eine Analogie, die sich auf den Garten übertragen lässt. Ich denke mir eine Geschichte aus, nenne sie „Der trockene Garten" und befasse mich nun damit, Pflanzengruppen (Satzteile oder Sätze) so zusammenzustellen, dass sie ein Gesamtwerk ergeben und dem Standort entsprechen; als Satzzeichen kommen dann ausdrucksvolle Pflanzen hinzu.

In manchen Bereichen wie öffentlichen Parks und weitläufigen Gärten halte ich es für das Beste, die Zahl der Arten einzuschränken und in größeren Gruppen zu pflanzen. Dann sieht das Gesamtbild nicht wie ein von Motten zerfressener Teppich aus, wenn ungeeignete Pflanzen eingehen. In meinem eigenen Garten dagegen bekenne ich mich zu meiner Sammelleidenschaft. So schaffe ich gern einen reich gemusterten Teppich, dessen Wirkung ich über eine möglichst lange Zeit des Jahres auszudehnen suche; dabei nutze ich den Boden sowohl vertikal als auch horizontal, damit die ganze Vegetationszeit hindurch immer wieder Pflanzen aus den unterschiedlichsten Tiefen des Raums in Erscheinung treten und nach dem Zyklus der Frühblüher, der mit dem Einziehen endet, Platz für die nächste Phase entsteht. Dies gilt besonders für Zwiebelpflanzen, aber auch für einige Stauden. Bei der Bepflanzung des Kiesgartens ging es mir darum, zunächst dauerhaft attraktive Pflanzungen anzulegen und dann mit Fortschreiten meines Experiments besondere jahreszeitliche Effekte zu schaffen.

Wie immer der Pflanzplan aussieht, ich beginne am liebsten mit den dominierenden Pflanzen, um die ich die weiteren Elemente der Gestaltung gruppiere. Das Gelände war bereits von einer 3 m hohen, mauerartig geschnittenen Hecke aus × *Cuprocyparis leylandii* umgeben, die im Winter vor austrocknenden Ostwinden Schutz bot, während ein seit Jahren etablierter geschwungener Gehölzsaum die Westseite einrahmte. Eine kleine Auswahl gut platzierter lichter Bäume war erforderlich, um auf diesem weit und flach wirkenden Gelände Akzente zu setzen. So pflanzte ich mehrere Eukalyptusbäume wie *Eucalyptus gunnii* und *E. dalrympleana* als Kontrast vor die Hecke, um im Winter Leben ins Bild zu bringen. Sie können mit der Zeit zwar etwas unförmig werden, lassen sich durch Schnittmaßnahmen aber zu ansehnlichen Hintergrundsträuchern erziehen. (Im ersten Jahr schossen sie auf und legten sich dann um, sodass ich sie im Frühjahr 1993 auf etwa 1 m über dem Boden zurückschnitt, um sie erneut zum Austrieb und zu einer stabileren Form anzuregen. Wir haben sie seither nicht mehr geschnitten; sie sind inzwischen richtig eingewurzelt und so hoch, dass sie die lineare Kontur der geschnittenen Hecke wirkungsvoll überragen.)

Als Ausrufezeichen pflanzte ich *Juniperus scopulorum* 'Skyrocket' und die etwas massigere *Cupressus arizonica* 'Pyramidalis'. Hinzu kamen mehrere Aetna-Ginster, *Genista aetnensis* – an anderen Stellen im Garten inzwischen zu einer anmutigen

Gestalt von über 6 m herangewachsen, die im Juli mit Wolken winziger, süß duftender gelber Schmetterlingsblüten übersät ist.

An strukturbildenden Sträuchern wählte ich den Blasenstrauch, *Colutea orientalis*, mit geteilten blaugrünen Blättern und Büscheln kleiner ziegelroter Schmetterlingsblüten, denen zartgrüne, blasenförmige Samenhülsen folgen. Sobald er sich etabliert hätte, wollte ich eine Clematis der *Viticella*-Gruppe hindurchklettern lassen.

Aus dem Garten eines Freundes bekam ich eine unbenannte Form des Perückenstrauchs, *Cotinus coggygria*, der, erst einmal tief genug eingewurzelt, die Trockenperioden toleriert, denn die Art findet sich in der Natur, in Felsspalten eingeklemmt, an den Steilhängen über den italienischen Seen. Es handelt sich wahrscheinlich um einen ausgelesenen Sämling, keine tiefdunkelviolette, sondern eine blassere, zartpurpurn getönte Form.

Als „Basismöblierung" wählte ich Pflanzen, die in durchlässigen Böden mit spärlichem Sommerregen überlebensfähig sind, insbesondere solche, wie sie in den Mittelmeerländern wild wachsen. Zu ihnen gehören vertraute Freunde wie Lavendel in verschiedenen Formen, eine reizvolle weißfilzige Staude, *Ballota pseudodictamnus*, und das graue, wollig belaubte Heiligenkraut, *Santolina chamaecyparissus*. Als Kontrast zu den grauen und silbrigen Pflanzen setzte ich aber auch *Santolina rosmarinifolia* ein, denn ihr lebhaftes Grün ist wie geschaffen, um große aschgraue Flächen aufzuheitern.

Wo die Rabatten breit waren, reichten kräftige Gruppen fast bis zum hinteren Rand; sie wurden mit der Zeit dann von größeren Sträuchern verdrängt wie *Berberis × ottawensis purpurea* 'Superba', *Arbutus*, großen *Cistus* Arten und Formen von *Lavatera* (alle aufgrund ihrer Trockenheitsverträglichkeit ausgewählt). Zwischen den kompakter wirkenden Nachbarn bilden die Artemisien in all ihren unterschiedlichen Formen und Größen brauchbare Füllpflanzen: die großen fiederlaubigen Sträucher von *Artemisia arborescens* oder die silbrigen, mattenartig die Wege überziehenden niedrigen Formen. Die Dunedin-Hybride *Brachyglottis* (Dunedin-Gruppe) 'Sunshine' (syn. *Senecio* 'Sunshine') von der neuseeländischen Südinsel bildet mit der Zeit stattliche Büsche aus ovalen, weißfilzigen Blättern und setzt zwischen kleineren Pflanzen einen unschätzbaren Akzent. Ich ließ eine *Clematis × durandii* hindurchklettern, um den dunkel blauvioletten Blüten einen wirkungsvollen Hintergrund zu bieten. Eine andere Waldrebe, *C.* 'Étoile Violette', breitet sich auf dem Boden zwischen den weißen Margeritenblüten von *Anthemis punctata* subsp. *cupaniana* aus und verwebt sich in den diesig violetten Ähren von *Perovskia* 'Blue Spire' – das dadurch entstehende zauberhafte Bild ist ein Ansporn, weitere kleinblumige Clematis-Arten einzusetzen, um im Spätsommer für Farbe zu sorgen (s. Seite 92–93).

Das Einarbeiten einer kräftigen Gabe Humus fördert den gesunden Wuchs von Waldreben, sobald sie richtig eingewurzelt sind; ich bezweifle aber, dass sie in magerem Boden auch in heißerem Klima gedeihen würden. Unsere Sommer sind in der Regel trocken und die Temperaturen erreichen manchmal 30 °C, aber nur selten über längere Zeit.

Für neue Rabatten sollte man genügend Füllpflanzen bereithalten, um die Lücken zu schließen und das Unkraut einzudämmen.

Seite 22/23:
Selbstausgesäte Individuen der Seidenhaar-Königskerze, *Verbascum bombyciferum,* mit ihren filzig-grauen Blättern, sorgen für vertikale Akzentwirkung mit kandelaberartigen Blütenständen. Im Vordergrund betonen die weißen Blüten von *Anthemis punctata* subsp. *cupaniana* die strahlende burgunderrote Nelke, *Lychnis coronaria.* Das Weiß der Färberkamille wird von den rundlichen Blütenköpfen des spätblühenden *Allium nigrum* aufgegriffen.

Pflanzen mit kriechenden Trieben hingegen sind unentbehrlich, um harte Ränder zu umspielen. So ist es durchaus in meinem Sinn, wenn sich einige bis in die Kieswege ausbreiten, allen voran die verschiedenen Thymiane. Die Sonnenröschen (*Helianthemum*) mit ihren rosa, roten, gelben und weißen Blüten bilden niedrige, weit ausladende Büsche und ihre kleinen immergrünen oder graugrünen Blätter stehen in schönem Kontrast zu den silbrigen Ohren des Woll-Ziests oder Eselsohrs (*Stachys byzantina*), einer alten Bauerngartenpflanze.

Innerhalb weniger Monate bildete *Gypsophila* 'Rosenschleier' eine Wolke gefüllter zartrosa Blütchen, daneben die schlangenartig gewundenen Triebe von *Euphorbia myrsinites*.

Zu viele kuppelförmige Pflanzen beieinander können leicht monoton wirken, ein Grund, warum ich nach wirkungsvollen Vertikalen suche. Diese können so kühn und aufregend sein wie *Verbascum bombyciferum* mit seinen großen, filzigen Blättern und den riesigen kandelaberartigen, mit kleinen messinggelben Blüten besetzten Blütenständen, oder zarte Schleier bilden, die den Blick auf die andere Seite der Rabatte freigeben – eine Wirkung, die sich mit *Perovskia* 'Blue Spire' erzielen lässt. Ihre zahlreichen grazilen, aufrechten Triebe tragen dichtstehende flaumige Knospen, die sich zu kleinen lavendelblauen Blüten öffnen und im Spätsommer über Wochen wie ein pastellfarbener Dunst wirken. Die gleiche Tönung setzt sich mit *Verbena bonariensis* bis in den Herbst hinein fort; ihre kahlen, kantigen Triebe wirken wie filigranes Gitterwerk, über dem flache Köpfe winziger, intensiv mauvefarbener Blüten in dunklen Kelchen stehen.

Ich verwende aber auch Zwiebelpflanzen, die hoch über der Basismöblierung stehen. Unter den verschiedenen Zierlaucharten seien *Allium hollandicum* und *A. ampeloprasum* aufgeführt, letztere höher als jede andere *Allium*-Art. Ich setzte Gruppen ganz nach hinten zwischen *Ballota* und *Cistus*, wo sich ihre kricketballgroßen Köpfe aus silbern-rosavioletten Blüten dekorativ von der dunkelgrünen × *Cuprocyparis-leylandii*-Hecke abheben. *Nectaroscordum siculum* subsp. *bulgaricum*, *Gladiolus communis* subsp. *byzantinus* und *Fritillaria persica* treten im Frühsommer ins Rampenlicht; das einziehende Laub wird von *Santolina*, *Artemisia* oder fleischigen *Sedum*-Horsten kaschiert.

Auch verschiedene Lilienarten finden sich hier, nachdem der Türkische Mohn (*Papaver orientale*) verblüht ist, während die grün- und weißblühenden Sommerhyazinthen, *Galtonia viridiflora* und *G. candicans* im Spätsommer für Frische und Eleganz sorgen.

Aber nicht alle meine Farbkombinationen sind zart und gedämpft. Vom Hochsommer an werden die leuchtendsten Gruppen durch akzentartig aufsteigende Fackellilien (*Kniphofia*) hervorgehoben. Jahrelang habe ich gute Formen aus Sämlingen selektiert, sodass wir inzwischen über ein breites Sortiment an Größen und Farben verfügen, von intensiven Rottönen über flammendes Orange bis zu zarten Aprikosen- und kühlen Gelb-, ja sogar Grüntönen.

Um ins Gewimmel kleinblättriger Pflänzchen Zeichen zu setzen, bedarf es unübersehbarer, markanter Akzente. Im ersten Jahr habe ich gemogelt, indem ich große, in Töpfen gezogene Formen von *Agave americana*, graulaubige und panaschierte, ins Beet auspflanzte. Sie machten sich so gut, dass es verlockend war, dies Jahr für Jahr zu wiederholen. Schließlich pflanzte ich stattdessen aber doch *Yucca*, um auch im Winter auf ihre spektakuläre Wirkung zählen zu können. Inzwischen schreiben wir 1999, und die *Yucca* bilden das ganze Jahr über beeindruckende Strukturelemente. Was aus den Agaven geworden ist? Sie werden in frostfreien Quartieren überwintert, um in der oft über Wochen anhaltenden sommerlichen Trockenheit, mit der wir hier rechnen müssen, durch ihre skulpturale Erscheinung Leben in den Garten zu bringen und leuchtende Akzente zu setzen.

Am Ende des ersten Sommers, im Jahr 1992, notierte ich: „Überrascht und erfreut sehen wir, wie gut alles gedeiht. Die heiße und trockene Zeit im Mai und Juni war eine Bewährungsprobe, aber der ersehnte Regen setzte so rechtzeitig ein, dass sich die Pflanzen bei anhaltend warmem Wetter rasch erholten und erneut austrieben. So ist dieser erst vor kurzem angelegte Gartenbereich schon jetzt schön eingewachsen. Im Sommer setzte ich mehrere ein- oder zweijährige Pflanzen wie den grünblühenden Ziertabak (*Nicotiana* 'Lime Green') in die Lücken, während sich der hübscheste aller kleinen gelben Korbblütler, *Bidens ferulifolia*, wie Sonnenschein über die Kieswege ergoss, bis der Frost ihr Leuchten auslöschte. Es ist unglaublich, wie viel wir aus so einem Experiment lernen! Nicht alle Pflanzen gedeihen, einige werden eingehen, andere könnten sich als ungeeignet erweisen oder sie gefallen mir dort einfach nicht und wieder andere bedrängen sich gegenseitig. Die Gestaltung eines Gartens ist mit dem Werk des Malers vergleichbar, der auf der Leinwand mit Lichteffekten und Schatten ein Bild schafft, ohne je sagen zu können, es ist fertig.

MULCHEN, JÄTEN, PFLEGEN

Im zweiten Frühjahr, 1993, brachten wir, solange der Boden noch einigermaßen feucht war, eine Schicht Kies (12 mm Körnung) von einem Steinbruch am Ort zwischen den Pflanzen auf, je nach Pflanzentyp 2,5 – 5 cm tief. Besonders kleinwüchsige Pflanzen darf man nicht „begraben" – im Übrigen überwuchern die meisten den Boden so rasch, dass sie im Nu eine natürliche Mulchschicht bilden. Zugegeben, ich hatte Bedenken, noch mehr Kies auf meinen ohnehin steinigen Boden zu häufen; deshalb besorgten wir uns von einem Bauernhof in der Nähe Strohballen und brachten sie im Spätherbst als Mulch unter Sträuchern und Baumgruppen im weniger auffallenden hinteren und mittleren Bereich der Rabatten aus. Das Material wurde auseinandergezogen und wie eine dicke Daunendecke aufgebracht, um das Keimen von Unkraut einzudämmen, die Feuchtigkeit zu halten und dem Boden ein paar Nährstoffe zu geben, die beim Verrotten frei würden. Solange die Bäume und Sträucher klein waren, sprang das Stroh natürlich unmittelbar ins Auge, und so gab es auch negative Kommentare, das Erscheinungsbild betreffend. Aber mein vorrangiges Interesse gilt dem Wohl der Pflanzen. Im Übrigen wusste ich auch, dass der Anblick in einigen Monaten weit weniger an Bauernhof erinnern würde, sobald sich das frische Stroh beim Verrotten braun färbte. Es freute mich natürlich auch, dass sich der Boden unter der schützenden Decke kühl und feucht anfühlte, während der nichtabgedeckte Boden an anderen Stellen staubtrocken war.

In den folgenden Jahren haben wir uns rechtzeitig um Strohballen gekümmert, die, Wind und Wetter ausgesetzt, schon teilweise verrottet waren, und weniger auffielen, sich dafür allerdings nicht so leicht handhaben ließen. Wir erneuern die „Daunendecke", sobald sie schäbig wird, je nach Stadium der Verrottung also nach etwas mehr als einem Jahr. In einigermaßen fruchtbarem Boden kann darauf vielleicht verzichtet werden; man darf aber nicht vergessen, dass in unserem durchlässigen Kiesboden die Nährstoffe rasch aufgenommen oder in die 6 m tiefe Kies- und Sandschicht abgeschwemmt werden, die in unserer Region den Untergrund bildet. Die Sommer von 1995 bis 1997 brachten so ungewöhnlich hohe Temperaturen und kaum einen Tropfen Regen, dass der Boden unter der Mulchschicht austrocknete. Mein Entschluss, nicht zu wässern, wankte eines Nachmittags bedenklich, nachdem zusätzlich heißer Wind aus der Sahara den Pflanzen über Tage hinweg so zugesetzt hatte, dass sie vor Erschöpfung beinahe zusammenbrachen. Obwohl ich förmlich mit ihnen welkte, redete mir mein Obergärtner David Ward eindringlich zu, nicht den Mut zu verlieren und das Experiment durchzuhalten, damit nicht alle unsere bisherigen Anstrengungen umsonst wären. Ich wusste, er hatte Recht. Binnen kurzem drehte der Wind und kühlere Nächte brachten Tau, der ebenso wie die leicht sinkenden Temperaturen lindernd wirkte. Die Pflanzen sprachen sichtbar darauf an, und innerhalb von wenigen Tagen, nach dem ersten ergiebigen Regen, der meist um den Bank Holiday im August fällt, trieb jede Pflanze frisches junges Grün. Die Durststrecke war überstanden – das Ergebnis ein Wunder.

Ich glaube nicht, dass unser Kiesgarten mehr Arbeit macht als andere große Gärten, insbesondere Parkanlagen, in denen weite Flächen immer wieder frisch mit Beetblumen bepflanzt werden und Tag für Tag, Monat für Monat endloses, langweiliges Jäten erfordern. Eine wahre Sisyphusarbeit! Zwar ging es in den ersten paar Jahren, bevor die Pflanzen den Boden abdeckten, auch bei uns nicht ohne Jäten, aber es war längst nicht so mühsam wie ohne Kiesauflage. Nun, nach sieben Jahren, ist ein Großteil des 0,35 Hektar großen, ursprünglich kahlen Geländes mit Pflanzen bedeckt, die wir gezielt ausgewählt haben. Zahlreiche strauchige Pflanzen wie *Cistus*, *Santolina*, *Ballota*, *Helichrysum* und *Helianthemum* haben zusammen mit zahllosen kleineren, mattenbildenden Pflanzen, nicht zu vergessen, die umfangreichen Bergenienhorste als Kontrast, eine wirkungsvolle Bodenbedeckung gebildet.

Die dichte Bepflanzung in Verbindung mit der Kiesschicht bewirkt, dass sich hier nur wenige der üblichen Gartenunkräuter finden, wenngleich die unvermeidliche Acker- oder Gänsedistel (*Sonchus*) gelegentlich vor mir aufragt und stolz ihre gelben Blüten zeigt, als wollte sie ihr Bleiberecht verteidigen. Selbstverständlich kommt immer wieder einmal Unkraut durch. Am hartnäckigsten und lästigsten ist das überall auftauchende Spring-Schaumkraut (*Cardamine hirsuta*), dessen winzige weiße Blüten im Handumdrehen lange, dünne Samenkapseln produzieren, um die reifen Samen tief in die Herzen der austreibenden Stauden zu schleudern oder wie Pfeffer über die Matten der teppichbildenden Pflanzen zu verstreuen. Und im Nu hat man auch die nächste Generation dieser Störenfriede verpasst. Obwohl wir ständig hinterher sind, werden wir sie wohl nie ausrotten.

Andere Unkräuter sind vor allem unsere eigenen Pflanzen – Euphorbien, Aronstab, Mohn, Jungfer im Grünen und die Zierlauche –, alles liebenswerte Gewächse, die aber das Gleichgewicht der Gestaltung empfindlich stören können und andere Pflanzen ersticken, wenn sich zu viele am „falschen" Platz ansiedeln dürfen. Es ist nicht immer leicht, die richtige Entscheidung zu treffen: Lässt man genügend stehen, um eine naturnahe Wirkung zu erzielen, oder lässt man zu viele stehen, und hat dann ein wahres Chaos? Die Sämlinge von *Euphorbia characias* subsp. *wulfenii* müssen auf jeden Fall rechtzeitig aufgespürt und entfernt werden, bevor sie andere geschätzte Pflanzen zu erdrücken drohen. An manchen Stellen haben diese selbst ausgesäten Euphorbien zwar ein geradezu traumhaftes Bild geschaffen, aber ohne Kontrolle nehmen sie leicht überhand. Zu den Pflanzen, die sich selbst aussäen, gehört aber auch der Klatsch-Mohn, *Papaver rhoeas* Mother-of-Pearl-Gruppe, und unter den Doldenblühern so geschätzte Pflanzen wie *Bupleurum falcatum*. Im Grunde kann man sie auch kaum als lästig bezeichnen.

Und wenn sich diese Pflanzen, meist Einjährige, ganz natürlich zwischen kräftigeren Nachbarn ausbreiten, entsteht ein ungemein reizvoller Effekt.

Wir haben einfach nicht die Zeit, neben der Gartenarbeit und der Gärtnerei noch Buch zu führen über den erbrachten Pflegeaufwand. Weil es mich aber beschäftigte, wie viel zusätzliche Arbeit für einen weiteren, vielfältig bepflanzten Gartenbereich investiert werden muss, ließ ich diese Aufzeichnungen erstellen:

Arbeitsaufwand in den ersten zwei Jahren

1994	Rückschnitt, Pflegen und Jäten Erneutes Jäten und Aufbringen von Kies Aufbringen von Stroh	111 Stunden 177 Stunden 7 Stunden
1995	Vom Winterausgang bis Juli Pflegen und Jäten	139 Stunden

Natürlich wüsste ich gern, wie sich diese Zahlen im Vergleich mit einer ähnlich großen Fläche, einem Park etwa, ausnehmen, in dem mit Beet- und Zwiebelpflanzen gearbeitet wird.

In den Folgejahren haben wir nicht mehr Buch geführt. Mit dem Heranwachsen der Pflanzen nehmen Schnitt, Formierung und Pflege mehr Zeit in Anspruch (s. Seite 35 und 160); hin und wieder mussten auch Pflanzen ersetzt werden, aber das Jäten ging wesentlich schneller. Insgesamt bedarf dieser Bereich zwar sorgfältiger und umsichtiger Gärtner, aber keiner ständigen Pflege. Im Durchschnitt kümmern wir uns fünf bis sechs Mal im Jahr um den Kiesgarten. Jedes Mal brauchen wir etwa eine Woche für alles, was nötig ist, um ein natürliches, aber gepflegtes Bild zu erhalten. Da Pflanzen (und Mulch) nahezu zwölf Monate den Boden bedecken, bietet der Garten zu jeder Jahreszeit ein schönes Bild; überdies nehmen sie uns das Jäten weitgehend ab.

Gesamtplan

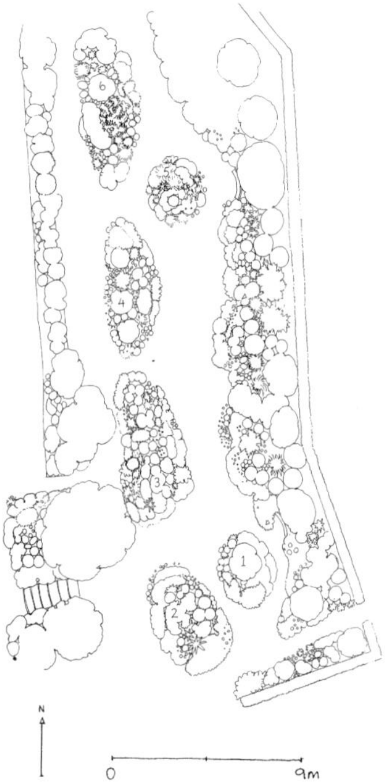

Inselbeet 3

KIESGARTENPLÄNE

Der Gesamtplan zeigt die Bepflanzung der 0,35 Hektar großen Fläche, die sich zu einer Landschaft mit Hügeln und Tälern entwickelt hat. Breite Rabatten zu beiden Seiten verschmelzen optisch mit sechs Inselbeeten, dazwischen die den ganzen Bereich verbindenden Kieswege.

Einen ausführlichen Pflanzplan möchte ich für das Inselbeet 3 vorstellen. Die ausgewogene Gestaltung besteht aus Zwiebelpflanzen, Stauden und Gehölzen und bezieht Komponenten wie Form, Struktur und Farbe ein, die das ganze Jahr über ein harmonisches Bild gewährleisten.

Um zu zeigen, welche Kombinationen gut zusammen aussehen, habe ich die Pflanzen in Gruppen zusammengefasst; sie eignen sich auch zur Gestaltung kleinerer Bereiche.

Gruppe 1

1 *Berberis* × *ottawensis* fo. *purpurea* 'Superba'
2 *Euonymus fortunei* 'Emerald 'n' Gold'
3 *Amelanchier lamarckii*
4 *Phlomis tuberosa* 'Amazone'
5 *Calamagrostis* × *acutiflora* 'Karl Foerster'
6 *Sedum* 'Matrona'
7 *Stipa calamagrostis*
8 *Bergenia* 'Admiral'
9 *Gaura lindheimeri* 'Siskiyou Pink'
10 *Artemisia absinthium* 'Lambrook Mist'
11 *Perovskia* 'Blue Spire'
12 *Agapanthus campanulatus* 'Cobalt Blue'
13 *Euphorbia polychroma* 'Major'
14 *Origanum* 'Norton Gold'
15 *Allium schoenoprasum* fo. *albiflorum*
16 *Sedum populifolium*
17 *Diascia barberae* 'Blackthorn Apricot'
18 *Helianthemum* 'Wisley Primrose'

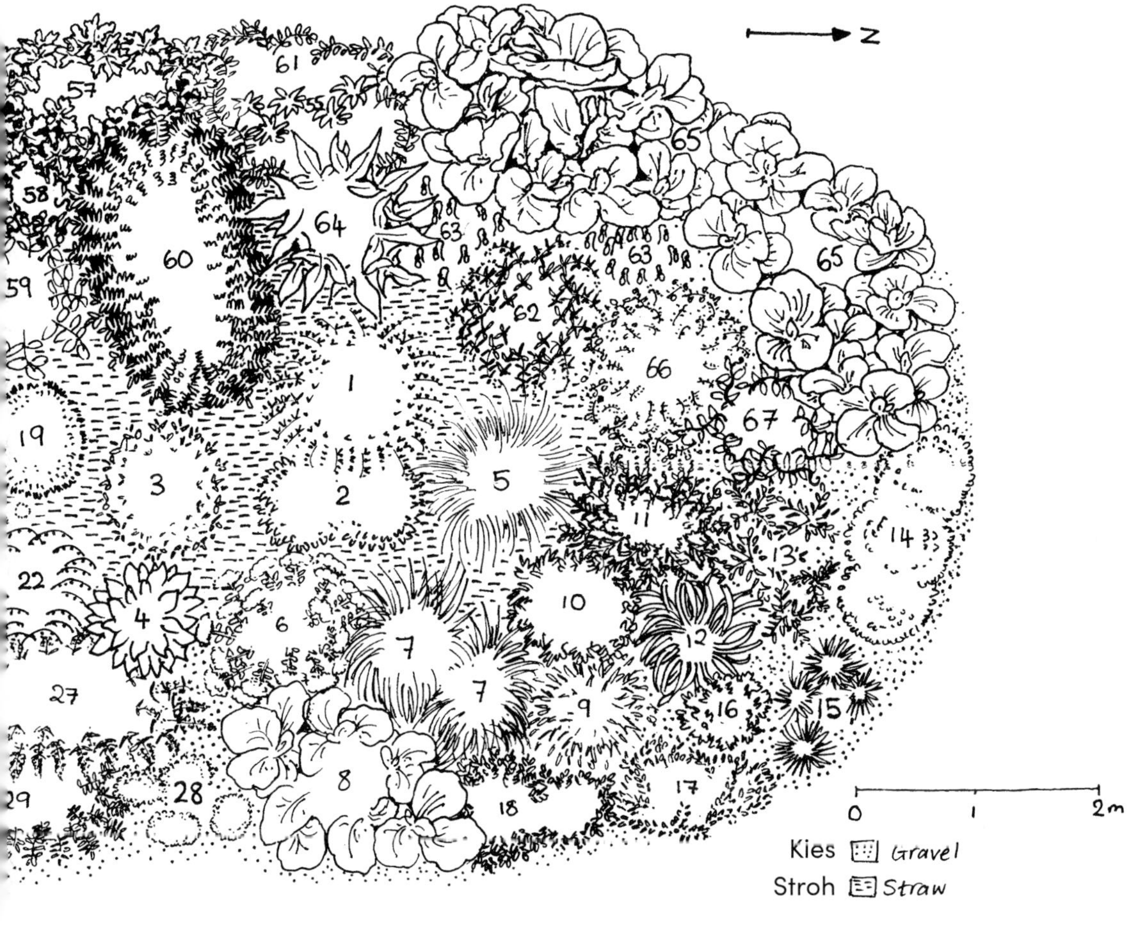

Gruppe 2

19 *Juniperus scopulorum* 'Skyrocket'
20 *Clematis* 'Madame Julia Correvon'
21 *Euphorbia characias* subsp. *wulfenii*
22 *Cytisus* × *praecox* 'Albus'
23 *Caryopteris* × *clandonensis* 'Worcester Gold'
24 *Allium hollandicum* 'Purple Sensation'
25 *Sedum* (Herbstfreude Group) 'Herbstfreude'
26 *Cistus* × *pulverulentus*
27 *Nepeta racemosa* 'Walker's Low'
28 *Thymus* 'Silver Queen'
29 *Helianthemum* 'Wisley Primrose'
30 *Stachys byzantina* 'Primrose Heron'
31 *Bergenia* 'Morgenröte'

Gruppe 3

32 *Lavandula angustifolia* 'Twickel Purple'
33 *Lespedeza bicolor*
34 *Euphorbia epithymoides*
35 *Sternbergia lutea*
36 *Arum creticum*
37 *Phyla nodiflora*
38 *Sedum spectabile* 'Iceberg'
39 *Phuopsis stylosa*
40 *Helichrysum hypoleucum*
41 *Yucca gloriosa*
42 *Alstroemeria ligtu* Hybride
43 *Hebe* 'Red Edge'
44 *Cotoneaster franchetii*
45 *Helleborus argutifolius*
46 *Spiraea japonica* 'Bullata'
47 *Codonopsis clematidea*
48 *Nigella damascena* 'Miss Jekyll Alba'
49 *Helianthemum* 'Rhodanthe Carneum'
50 *Acanthus dioscoridis* var. *perringii*
51 *Ipheion uniflorum*
52 *Origanum vulgare* 'Aureum'

Gruppe 4

53 *Bergenia* 'Abendglut'
54 *Hebe* 'Nicola's Blush'
55 *Colchicum* 'Rosy Dawn'
56 *Vinca minor* 'La Grave'
57 *Geranium macrorrhizum* 'Ingwersen's Variety'
58 *Clematis* × *triternata* 'Rubromarginata'
59 *Lonicera* × *purpusii*
60 *Hebe* 'Nicola's Blush'
61 *Vinca minor* 'Atropurpurea'
62 *Berberis julianae*
63 *Galanthus* 'Washfield Warham'
64 *Helleborus* × *sternii* 'Boughton Beauty'
65 *Bergenia* 'Mrs Crawford'
66 *Rosa spinosissima* 'Falkland'
67 *Clematis* 'Etoile Violette'

DIE FRISCHEN FARBEN DES FRÜHLINGS

Seite 30:
Im Frühling und Frühsommer strotzt der Kiesgarten, dank ausreichender Feuchtigkeit und kühler Temperaturen, vor Frische und Wuchsfreude. Das Lindgrün der Euphorbien bestimmt das Farbthema, während die vorwiegend weißen und gelben Blüten das knackig frühlingshafte Bild ergänzen, bevor eine Welle von Rosa und Violett folgt. Eine Teakholzbank, die mit ihrer geschwungenen Form die Windung des Kieswegs aufnimmt, steht geschützt unter aromatischen Sträuchern.

Wenn ich im März ein paar Tage nicht im Garten sein kann, erscheint mir die Zeit so lang wie ein Monat – so viel ändert sich über Nacht. Mit Beginn des Frühlings haben die himmlischen Blautöne von *Chionodoxa*, *Scilla* und *Ipheion*, dem unverwüstlichen Frühlingsstern, ihren großen Auftritt. Nun entfalten sich auch die blau-weiß gestreiften Blüten der im Kaukasus heimischen *Puschkinia scilloides* var. *libanotica*, die sich dekorativ von dem blassen Kies abheben. Die jungen karmesinroten Schosse von *Euphorbia dulcis* 'Chameleon' bilden einen dunklen Kontrast zu dem tiefen Blau von *Scilla*. Aus den Horsten schmaler, riemenförmiger Blätter blitzen in den folgenden Wochen die wässrig blauen Blütensterne von *Ipheion uniflorum* hervor. Die frischen, samtig weichen Rosetten des Woll-Ziests (*Stachys byzantina* und *S. b.* 'Primrose Heron') kommen zwischen den schlaffen Resten des letztjährigen Laubs hervor, die Kaiserkronen streben aus den jungen Blatthorsten nach oben, und die Zierlauche schießen zwischen den fleischigen *Sedum*-Rosetten auf. *Nectaroscordum* ist bereits 30 cm hoch, und im Nu sind auch die Blütenknospen dieser eigenartigen *Allium*-Art da, eingehüllt in pergamentartige, spitze Tüten, die wie Kerzenhütchen aussehen.

Überall vom vorderen bis zum hinteren Rand der Beete treiben nun Zwiebelpflanzen aus. Ihre ganze Kraft ist gefordert, um sattes Blattwerk zu erzeugen und den Brutzwiebeln Nährstoffe zuzuführen, solange noch reichlich Feuchtigkeit und Sonnenlicht verfügbar ist. Viele einschließlich der *Allium* haben damit bereits abgeschlossen: Sie zeigen schon welke und trockene Blätter, noch bevor die Blütentriebe erscheinen. *Camassia* ragen dekorativ zwischen den grauen *Ballota*- und *Santolina*-Horsten auf, während in unmittelbarer Nachbarschaft die Madonnenlilien, *Lilium candidum*, bereits darauf warten, sie abzulösen. Von der blauen Form von *Camassia leichtlinii* subsp. *suksdorfii* Caerulea-Gruppe, die früher als die cremefarbene blüht, habe ich aus Portland (Oregon) Samen wild wachsender Pflanzen mitgebracht.

Ab Ende März und den ganzen April hindurch bietet der Kiesgarten ein unglaublich üppiges Bild, das trotz des mageren Bodens und geringer Niederschläge vor Wuchskraft und Fruchtbarkeit überzuschäumen scheint. Erfreut sehe ich, wie gut sich die Kupfer-Felsenbirne, *Amelanchier lamarckii*, an dieser Stelle entwickelt hat. Die üppigen Trauben zarter weißer Blütchen sind warm in das junge, im Austrieb bronzefarbene Blattwerk eingebettet. *Hippocrepis* (*Coronilla*) *emerus*, ist nahezu 2 m hoch und 3 m breit, obwohl sie im Sommer durch die × *Cuprocyparisleylandii*-Hecke im Hintergrund unter Trockenheit leidet; die zahllosen winzigen gelben Schmetterlingsblüten lassen das fein gefiederte Laub an den schlanken Zweigchen nahezu verschwinden.

Ein außergewöhnliches Bild bieten um diese Jahreszeit stets die Euphorbien mit ihrem fluoreszierenden Lindgrün – mit Bergenien zu beiden Seiten meines Flussbetts aus Kies eine aufregende Kombination. Beide werden in den bevorstehenden Monaten eine wichtige Rolle spielen, wobei die Euphorbien bis Mitte Juni im Rampenlicht stehen und entscheidend zum üppig frischen Gartenbild beitragen. Um diese Zeit haben die Wildtulpen, die die Rabattenränder in flammende Farben tauchen, ihren Auftritt bereits hinter sich. Jungfer im Grünen, *Nigella damascena*, aus den letztjährigen Blüten ausgesamt, treibt beharrlich zwischen dem einziehenden Laub der frühen Zwiebelpflanzen aus, während ausdrucksvolle Laubpflanzen, wie *Arum creticum* mit seinen schildförmigen Blättern, zwischen den Horsten gefiederten Blattwerks Kontraste bilden. Bald schon werden die schönen zitronengelben Blütenscheiden dieser *Arum*-Art in diesem Bereich Aufsehen erregen; über mehrere Jahre haben sie nun schon in dem warmen, durchlässigen Boden überlebt. Ihren Gelbton nehmen die in dichten Büscheln stehenden Köpfe von *Euphorbia epithymoides* auf, die allmählich größer werden und sich ausbreiten, bis sie die welkenden Blätter der Zwiebelpflanzen vollkommen kaschieren.

AUF EINMAL IST ALLES ERWACHT

Man kann das saftige Laub der Laucharten förmlich wachsen sehen, so rasch entwickelt es sich. Die meisten haben lange, schwertförmige graugrüne Blätter, verborgen hinter oder zwischen kleinen Büschen oder austreibenden Stauden, damit der Anblick des bereits welk werdenden Laubs im April und Mai nicht von den Blütenköpfen ablenkt. Nun bleibt mein Blick an einem ungewöhnlichen *Allium* hängen, das soeben zwischen den Steinen hervorbricht. Es ist *Allium karataviense*. Aus jeder Zwiebel entwickeln sich zwei breit linealische Blätter, die, dicht beieinander stehend, oberseits graugrün, unterseits dunkelpurpurviolett überlaufen sind. Gegen Ende April haben sie sich so weit entfaltet, dass sie eine Art Wiege für die kurzstieligen rosaviolett-beigen Blütenköpfe bilden, die golfball- bis orangengroß werden. Aber zu Beginn des Frühlings bilden diese ausdrucksvollen Blätter einen unschätzbaren Kontrast zu den zahllosen kleinblättrigen Pflanzen, zwischen denen sie sich ausgebreitet haben: *Origanum* 'Kent Beauty', *Thymus doerfleri* mit seinem wolligen Laub oder *Geranium subcaulescens* 'Splendens' mit kleinen schirmförmigen Blättern. Das überwinterte riemenförmige Laub von *Sternbergia lutea*, das nun welk wird, erinnert an die gelben krokusartigen Blüten, die im Spätherbst wieder erscheinen. Ende März verdrängen die austreibenden Blätter von *Lonicera × purpusii* die letzten süß duftenden cremefarbenen Blüten. Zu ihren Füßen, noch immer blühend und rundum verstreut, ein ungewöhnliches Schneeglöckchen (s. Plan Seite 28/29). Es bildet kräftige Horste mit breiten graugrünen Blättern und schöne, aus breiten Blütenblättern bestehende Glocken. Es blüht sehr reich und erfreut uns oft länger als einen Monat bis Ende März. Es ist inzwischen als *Galanthus plicatus* 'Washfield Warham' bezeichnet worden. Die robusten und knackig frischen Blätter von *Colchicum* haben sich zwischen die Schneeglöckchenhorste gemischt und lassen uns bereits an die purpurvioletten Kelchblüten der Herbstzeitlosen denken, die im September dort ihren Platz einnehmen.

Daneben findet sich ein riesiger Horst *Helleborus × sternii* 'Boughton Beauty', eine Kreuzung, die die größere Wuchsform und Winterhärte von *H. argutifolius* mit den bezaubernden Violetttönen von *H. lividus* verbindet. Die Pflanze ist inzwischen etwa sechs Jahre alt, und ich habe über fünfzig Blüten gezählt. Die kastanienrot gefleckten Triebe wirken wie die strahlenförmig von einer Achse ausgehenden Speichen eines Rads, wobei jeder Stiel Büschel schalenartiger Blüten trägt, die zwischen Kastanienrot und Apfelgrün changieren und mit cremefarbenen Staubgefäßen gefüllt sind. Wenn sich über Wochen immer neue Knospen öffnen, legen sich die Blüten zur Seite, um immer noch weitere zu präsentieren, sodass das Rad wie von einer Blütengirlande umgeben scheint. Durch diese charakteristische, bis-

Oben links:
Helleborus × *sternii* 'Boughton Beauty' wurde nach Boughton House benannt, dem Familiensitz von Lady Scott, unter dem Namen Valerie Finnis als begnadete Gärtnerin und Pflanzenfotografin bekannt. Die Kunst des Fotografen vermag der eigenartigen Schönheit dieser Pflanze allerdings nicht gerecht zu werden, wenn sich deren Blüten im Lauf mehrerer Wochen zimtrosa verfärben.

weilen als etwas unordentlich empfundene Wuchsform entsteht Platz für die jungen, aus der Mitte austreibenden Schosse. Meine Blütenhorste stützen sich auf die kräftigen Blattmassen von *Colchicum* oder schmiegen sich an Teppiche von Immergrün. Das hübsche Laub der Christrose bleibt bis zum Spätherbst ziemlich aufrecht stehen, sodass im September genügend Raum für die Blüten der Herbstzeitlosen bleibt.

Einen sehr schönen Kontrast zu dem saftigen Laub des Zierlauchs bilden die gefiederten Horste von *Ferula communis*. Obwohl bisweilen als Riesenfenchel bezeichnet, unterscheidet sich die Pflanze beträchtlich vom gewöhnlichen Fenchel, *Foeniculum vulgare*. Ihre dunklen, glänzend grünen Blätter sind weder so fein eingeschnitten, noch duften sie. Anstatt zahlreiche Blütenstiele zu bilden, dauert es mehrere Jahre, bis die Triebspitze und der Wurzelstock kräftig genug sind, um einen einzigen großen Stamm mit einem purpurvioletten, grün verblühenden Blütenstand auszubilden. Höher als sämtliche Nachbarn aufwachsend, sollte diese edle architektonische Pflanze im Jugendstadium (etwa bleistiftdick) gepflanzt und die Stelle vorsorglich mit einem Stock markiert werden – insbesondere in der Ruhephase, wenn man versucht sein könnte, an den „freien Platz" etwas anderes zu setzen –, bis man nach zwei bis drei Jahren staunend vor der blühenden Pflanze steht.

Einigermaßen irritiert beobachte ich in meinem Kiesgarten inzwischen *Arum italicum* subsp. *italicum* 'Marmoratum'. Als ich anfing zu gärtnern, galt der Aronstab als Seltenheit; es hieß, er sei auf kühlen Laubmoder an einem schattigen

Gegenüber, rechts: *Arum italicum* subsp. *italicum* 'Marmoratum' – wohl eine der schönsten Blattpflanzen, die wir in Gärten mit gemäßigtem Klima ziehen können, zumal sie uns in der entbehrungsreichsten Zeit des Jahres, dem Winter, erfreut. Bei strengem Frost hängen die glänzenden Blätter wie Lappen über dem hart gefrorenen Boden, aber sobald es taut, richten sie sich stolz und unversehrt wieder auf.

Standort angewiesen. Wenn ich an der Hecke aus × *Cuprocyparis leylandii* hinter den Gruppen aus *Cistus*, *Abutilon*, *Berberis* und *Lavatera* entlang gehe, wundere ich mich über die Kolonien herrlicher *Arum*, die förmlich auf den Wurzeln der Sträucher zu sprießen scheinen und riesige, bis zu 30 cm lange und nicht minder breite Blätter hervorbringen. Sie glänzen dunkelgrün und zeigen eine lebhafte, edel wirkende Marmorierung. Die Hauptadern sind gewunden wie blassgrüne Wasserläufe, während Nebenflüsse aus kleinen Adern ein feineres Netz aus blassem silbrigem Grün über den dunkelgrünen Grund ziehen und eine kleine schmale Einfassung den welligen Rand des Blatts schmückt. Ich habe hier nie *Arum* gepflanzt, und kann mir nur denken, dass sie beim Verteilen des Komposts hereinkamen oder von Vögeln fallen gelassen wurden – beides ist vorstellbar.

Eine Freundin, die an einem Karfreitag in den Garten kam, weil ihr noch etwas Grünes für den Blumenschmuck in der Kirche fehlte, fand diese ungewöhnlichen Blätter wie geschaffen, um die *Calla*, die sie für die Messe am Ostersonntag vorgesehen hatte, zu ergänzen. Die Marmorierung kann bei diesem *Arum* ebenso wie die Größe des Blatts recht unterschiedlich ausfallen. Den ganzen Winter über finde ich winzige Blättchen, ideal mit Schneeglöckchen, Winterlingen und den süß duftenden Zweigen von *Lonicera* × *purpusii* zu kombinieren, und selbst Ende März bilden die dichten Kolonien, die sich im Gras angesiedelt haben, noch immer kleine Blätter. Im Mai, nach der Blüte, ziehen sie ein, um mit dem Regen im September erneut zum Vorschein zu kommen.

Als Kinder suchten meine Brüder und ich an Bachufern und unter Hecken nach Veilchen, violetten und weißen. In meinem Garten im Halbschatten auf Laubboden gehen die Blüten unter der Fülle des Blattwerks unter, während sie hier an den exponiertesten Stellen im Kies violette Blütenteppiche bilden, bevor noch die Blätter Zeit haben auszutreiben. Es ist also nicht nur der Aronstab, sondern auch das Veilchen, das sich einfach nicht an meine Theorie über die bestmöglichen Standorte halten will.

SCHNEIDEN UND AUSLICHTEN

Im März wird es Zeit, alte Pflanzenreste vom Vorjahr zu schneiden und auszuputzen, bevor der Neuaustrieb zu weit fortgeschritten ist. Immer wieder fällt es mir schwer, die vergilbten Gräser, die mich den ganzen Winter erfreut haben, zurückzuschneiden. Aber wenn die Parole ausgegeben und die Sache erledigt ist, atme ich erleichtert auf, und innerhalb weniger Tage sehe ich staunend, wie bereits einige Zentimeter hohe, frischgrüne Triebe aus dem Ballen austreiben.

Ziel eines Rückschnitts bei den meisten Gehölzen ist die Förderung und Erhaltung eines kräftigen Astgerüsts. Ich reduziere diese Regel bei der Mehrzahl der Gehölze auf drei grundsätzliche Schnittmaßnahmen. Die erste erfolgt tief unten, um totes oder überaltertes Holz über dem Ansatz herauszunehmen und schwächliche oder dünne Triebe zu entfernen. Auf diese Weise kann Licht eindringen und einen kräftigen Austrieb von der Basis her fördern. Die zweite zielt auf das Auslichten im mittleren Bereich des Strauches; auch hier werden schwache oder sich kreuzende Äste entfernt. Als Letztes kappe ich oftmals die längsten Zweige, um die Größe zurückzunehmen oder die Leittriebe des Vorjahrs zu kräftigen, die mit der Zeit Teil des erneuerten Astgerüsts werden.

Diese einfache Methode sichert einem Strauch Licht und Luft bis ins Innere, und nach jedem Schnitt einen Wachstumsschub, weil er neu austreibt. Zugleich bleibt vom Holz des Vorjahrs so viel stehen, dass er eine harmonische Form zeigt und reiche Blüten- und Laubbildung aufweist; womöglich lässt er sich auch als Stütze für eine Kletterpflanze, eine kleinblumige *Clematis* etwa, nutzen. *Berberis* × *ottawensis* fo. *purpurea* 'Superba' reagiert auf einen Rückschnitt und regelmäßiges Auslichten – alle zwei Jahre genügt – mit leuchtenderem, größerem Laub. Der Austrieb von *Brachyglottis* (Dunedin-Gruppe) 'Sunshine' ist so reizvoll, dass es sich lohnen würde, öfter im Jahr die Spitzen zu kappen, um den Strauch in Form zu halten und voll von frischem silbergrauem Laub. Wer aber einen unförmigen und verholzten Busch hat, kann ihn im Frühjahr auch bis auf ein Grundgerüst zurückschneiden und im Hoch- oder Spätsommer die Spitzen einkürzen, um die Bildung neuer Triebe anzuregen, die noch vor dem Winter reifen.

Caryopteris × *clandonensis* wird nun auf etwa 45 cm zurückgeschnitten; so bleibt ihr den ganzen Sommer Zeit, um ansehnliche graugrün belaubte Büsche zu bilden, die im Spätsommer über und über mitblauen, flaumigen Blüten besetzt sind. Auch der *Cistus* neigt zu sparrigen, unordentlich wirkenden Trieben; zu lange sich selbst überlassen, kann er Nachbarpflanzen regelrecht erdrücken. Wenn man die Äste aber auf einen niedrigeren Trieb zurücknimmt, auslichtet und altes oder totes Holz nach der Blüte ausschneidet, ist bereits viel gewonnen. Wir hatten einen riesigen *Cistus* × *pulverulentus*, der mit der Zeit von innen heraus verkahlte und verholzte und ungeheuer viel Raum einnahm. Sollten wir ihn rigoros schneiden oder herausnehmen? Wir entschieden uns zum Schnitt und sahen überrascht und erfreut, wie er aus den unbelaubten, verholzten Zweigen neu austrieb.

Der silberlaubige Strauch *Atriplex halimus* aus den unteren Regionen des Atlas-Gebirges muss zu Beginn des Frühjahrs zurückgeschnitten werden – manchmal um ein Drittel –, denn er wächst stark und nimmt mehr Raum ein als ihm zusteht. Einfühlsam mit der Rosenschere geschnitten, damit er danach nicht wie ein riesiger Kloß aussieht, bewahrt er seine anmutige Gestalt, bis im August erneut die Schere zum Einsatz kommt. Die zarten Triebspitzen der *Ballota* sind in den letzten Frostnächten erfroren, aber obwohl sie unschön aussehen, soll es mir eine Warnung sein, und ich lasse sie noch ein bis zwei Wochen stehen, bevor wir die schadhaften Triebe abschneiden, die den jungen, samtigen Triebspitzen dicht darunter noch Schutz bieten.

Hippocrepis (*Coronilla*) *emerus* kann am geeigneten Standort einen riesigen Busch bilden, muss aber nach der Blüte im Frühling, selbst wo genügend Platz verfügbar ist, alle paar Jahre zurückgeschnitten werden, um ein kräftiges und starkwüchsiges Astwerk zu erhalten. Am besten nimmt man das alte Holz von der Basis aus heraus, entfernt einige Äste und schneidet die verbleibenden um ein Drittel zurück, wobei schwache oder sich kreuzende Zweige entfernt werden. Im September wird man dann freudig überrascht feststellen, dass der Strauch wieder Leben zeigt und am jungen Holz, das sich den Sommer über gebildet hat, kleine Schmetterlingsblüten trägt.

Auch die schlanken, nahezu weißlichen Triebe der Silber-Perovskie, *Perovskia* 'Blue Spire', werden fast bis auf Bodenhöhe zurückgeschnitten, wo bereits die neuen Triebe entstehen.

Die unbelaubten Mandelbäumchen, *Prunus triloba*, zeigen feste, nach innengewölbte Blütenknospen, die sich Mitte April zu blass rosavioletten, gefüllten Blüten entfalten. Wir ziehen diese Pflanze aus Steckhölzern, nicht durch Veredeln, sodass wir keine Probleme mit lästigen Wildtrieben haben. Nach der Blüte wird der Strauch stark zurückgeschnitten (selbst wenn er bereits frisch austreibt), um ihn zur Bildung langer unverzweigter Blütenruten im kommenden Jahr anzuregen. Verzichtet man auf den Rückschnitt, so bilden die vorhandenen Triebe zahlreiche Seitentriebe, die, kreuz und quer wachsend, sehr unansehnlich sind.

Die Raute, *Ruta graveolens*, sollte im Frühjahr ebenfalls zurückgeschnitten werden, um die Bildung junger Triebe anzuregen. Ich habe einmal so viel Steckholz geschnitten, dass einige Büsche danach so kahl wirkten wie abgeerntete Rosenkohlstängel, und war erstaunt über den kräftigen Austrieb. Es empfiehlt sich, unbedingt Handschuhe zu tragen und die Ärmel keinesfalls hochzukrempeln. Die Weinraute ist hochgiftig und kann Hautausschlag und Bläschen hervorrufen.

Salvia officinalis neigen dazu, sparrige verholzte Zweige mit zahllosen neuen Trieben zu bilden. Mehrfach leicht zurückgeschnitten, würden sie eine Fülle junger Triebe produzieren, aber dazu fehlt uns leider immer die Zeit. Und doch halten sie sich auch ohne großen Aufwand über Jahre. Manchmal entfernen wir sparrige Triebe, ersetzen die Pflanzen im Lauf der Zeit aber auch durch Jungpflanzen.

Oben:
Fritillaria acmopetala

Unten:
Fritillaria imperialis

Gegenüber:
Oben:
Fritillaria tuntasia

Unten links:
Fritillaria persica 'Adiyaman'

Unten rechts:
Fritillaria verticillata

BEZAUBERNDE FRITILLARIEN

Eines der ersten Zeichen des nahenden Frühlings ist Anfang März jener seltsam moschusartige Geruch, der in der kalten Luft hängt, und mir unvermittelt in die Nase steigt, wenn ich einen Rundgang durch den Garten mache. Er stammt von der Kaiserkrone, *Fritillaria imperialis*, und ist schon wahrnehmbar, bevor die dicken Knospen die Erde durchstoßen. Manche finden den Geruch unangenehm, wie den von Füchsen. Aber obwohl ich im Garten schon hin und wieder Füchsen begegnet bin, könnte ich nicht sagen, dass ich sie je gerochen hätte. Ich mag diesen eigenartig durchdringenden Geruch, der meinen Puls jedes Jahr höher schlagen lässt, weil er mir signalisiert, dass dicht unter meinen Füßen bereits fieberhafte Aktivität herrscht. Innerhalb weniger Wochen wird es mehr zu sehen, zu riechen und zu berühren geben, als wir überhaupt mithalten können. Noch aber dürfen wir die Glücksmomente einzeln auskosten, bevor uns die Flut überwältigt. Wenn der März nicht noch einmal strengen Frost und Schnee bringt, stehen diese aufregenden Pflanzen Ende des Monats in Blüte. Sie vermehren sich stark in meinem steinigen Boden und bilden üppige Horste. Jeder dicke, belaubte Stiel trägt einen Büschel spitz zulaufender, riemenförmiger Blätter (ähnlich dem buschigen Schopf einer Ananas), unter dem eine Krone aus feurig orangefarbenen oder zitronengelben Blütenglocken hängt. Dreht man die nach unten gerichteten Glocken um, so wird ein großer Tropfen Nektar an der Basis jedes Kronblatts sichtbar. Der Volksmund sagt, diese hochmütige Blume habe sich bei der Kreuzigung des Herrn geweigert, ihren Kopf zu neigen. Seither muss sie sich neigen und weinen.

Noch eine früh blühende Fritillarie, *Fritillaria verticillata*, die wild wachsend in Zentralasien und China vorkommt, fällt durch ihre zierliche Gestalt zwischen den Teppichen des gelblaubigen Woll-Ziests, *Stachys byzantina* 'Primrose Heron', auf. Sie bricht auch immer wieder zwischen den kleinen, vagabundierenden Sträuchern der Zwergmandel, *Prunus tenella*, hervor, die bald schon mit lachsrosa Blüten übersät sein werden; die kahle untere Hälfte der Zweige wird binnen kurzem von der kriechenden *Arabis alpina* subsp. *caucasica* 'Flore Pleno' überwuchert. Die schlanken 50 cm hohen Stiele dieser Fritillarie tragen mehrere blassgrüne, nach unten hängende, flache Glocken, die außen mit einem grünen Netzmuster überzogen sind und innen ein zierliches Schachbrettmuster aus Grün, Braun und zartem Kastanienrot zeigen. Am Fuß sind die Stiele von schmalen, spitz zulaufenden graugrünen Blättern umgeben, die, am Stamm aufsteigend, kontinuierlich schmaler werden und sich oben zwischen den Glocken zu eingerollten Häkchen formieren. Ich frage mich, wofür sie ursprünglich gedacht waren.

Dienten die Häkchen dazu, die Blüten ansehnlich über die anderen krautigen Pflanzen hinauszuheben? In welcher Nachbarschaft wachsen diese Zwiebelpflanzen in der Natur – umgeben von Gras oder strauchigem Unterholz? Manche Formen dieser Fritillarie sind etwas blühunwillig, wir haben aber eine Form, die ich einst von meinem alten Freund und Mentor, dem verstorbenen Sir Cedric Morris bekam und die 50 cm hoch wird und sehr blühfreudig ist.

Fritillaria tuntasia ist in Griechenland heimisch und findet sich an Felshängen und im gestrüppreichen Unterholz. Jeder 15–20 cm hohe Stängel trägt

Seite 40/41:
Der Hufeisenklee, *Hippocrepis emerus*, bildet mit seinen fein gefiederten Blättern und unzähligen süß duftenden Schmetterlingsblüten einen fülligen und doch duftigen Hintergrund. Die scharlachrote Kaiserkrone, *Fritillaria imperialis*, beherrscht die Bühne, während eine besondere Form der variablen *Euphorbia characias* subsp. *wulfenii* schlanke limettengrüne Blütenköpfe erzeugt.

mehrere breitglockige Blüten, die außen glatt und schwarz wie Schlehenfrüchte und innen leicht runzlig sind. In meinem Garten hat sie sich wahrscheinlich mit *F. messanensis* gekreuzt, einer Art mit größeren und längeren Glocken in warmem Kastanienrot. Es fehlt also nicht an Varianten.

Eine andere Fritillarie, *F. pyrenaica*, zwingt den Betrachter, sich zu bücken, um in den Genuss ihrer wunderlichen Schönheit zu kommen. An schlanken, 40 cm hohen Stängeln stehen graue, schmal-lanzettliche Blätter, die am Stängel aufsteigend kleiner werden; an der Spitze hängt eine große, glockenförmige Blüte, intensiv bräunlich-purpur und matt bereift, deren Form an eine Pudelmütze mit aufgerolltem Rand erinnert. Die dicht an dicht stehenden Petalen sind zurückgeschlagen und zeigen eine leuchtend gelbe Einfassung. Dreht man die Blüte nach oben, erkennt man, dass die mit einem silbrigen Schmelz überzogene Oberfläche zartgrüne Streifen aufweist, die in einem dunklen Herzen mit purpurviolettem Schachbrettmuster verschwinden. Geheimnisvoll verborgen finden sich hier, bestens geschützt, Narbe und Staubblätter mit cremefarbenen Pollen. Etwas größer als *Fritillaria pyrenaica* ist *F. acmopetala* mit grünlichen, kastanienrot gezeichneten Glockenblüten an schlanken Stängeln, die spärlich mit grasartigen graugrünen Blättern eingefasst sind. Sie wächst wild in Osteuropa in Gestrüpp und Maisfeldern.

Eine ausgesprochen exotisch wirkende Zwiebelpflanze, *Fritillaria persica* 'Adiyaman', tritt Ende März Anfang April in Erscheinung. Vor vier Jahren gepflanzt, haben sich die Zwiebeln inzwischen geteilt; nun freuen wir uns an den schönen Gruppen mit 75–100 cm hohen Blütenstängeln, in der unteren Hälfte mit spitz zulaufenden, schmalen graugrünen Blättern besetzt, die sich im Westwind eingerollt haben. Darüber steht an der oberen Hälfte des kahlen Stängels eine Traube mit dreißig bis vierzig flachen Glocken, die so dunkel wie Burgunder sind. Im Hintergrund dient ihnen als ausgezeichnete Stütze ein großer Horst purpurlaubigen Salbeis, *Salvia officinalis* 'Purpurascens', der ihre dunkle Farbe aufgreift. In einer anderen Gruppe wachsen sie durch *Alstroemeria-ligtu*-Hybriden hindurch, deren junge Triebe ihnen bereits Halt geben, ebenso wie die fleischigen Horste von *Sedum* 'Matrona' im Vordergrund. Die purpurn gefleckten Blätter werden anzeigen, wo die Zwiebeln der Fritillarien ruhen, bis sie im kommenden Frühjahr erneut austreiben. Hinter dieser Gruppe erhebt sich ein riesiger Strauch, *Berberis × ottawensis* fo. *purpurea*, übersät mit Knospen, die kurz vor dem Aufbrechen sind, während im letzten Augenblick noch verschiedene Katzenminzen, Woll-Ziest und Königskerzen ins Bild drängen. Auch nach dem Einziehen der Fritillarien wird es keinerlei Lücken geben.

Oben:
Tulipa dasystemon

Unten:
Tulipa orphanidea

WILDTULPEN UND APRILSCHAUER

Grundsätzlich verwende ich am liebsten Wildtulpen, wie sie in der Natur vorkommen, nicht die züchterisch bearbeiteten Sorten. In einem anderen Rahmen, einem öffentlichen Park etwa, sind große farbenprächtige Tulpen wirklich am Platz und optisch durchaus angebracht, ebenso wie in vielen Gärten. Meine besondere Vorliebe gilt den gestreiften und gefiederten Tulpen, die ich aber für meinen Frühlings- und Sommer-Topfgarten reserviere. Bis jetzt habe ich mich noch nicht getraut, sie in den Kiesgarten aufzunehmen. Dafür gedeihen hier aber die nachfolgend aufgeführten Arten, die sich von Jahr zu Jahr vermehren. Sie finden sich vor allem zwischen den niedrigen teppichbildenden Pflanzen entlang der geschwungenen Rabattenränder. *Tulipa dasystemon* vermehrt sich gut und bildet Horste mit langen, schmalen Blättern. Die zu mehreren an einem 15 cm hohen Stängel stehenden Blüten haben cremefarbene Kronblätter mit rostroter Rückseite und öffnen sich zur Sonne wie spitze Sterne; danach bilden sie hübsche Samenkapseln. Vom Wind geschüttelt, werden die zierlichen lilienförmigen Blüten der *Tulipa orphanidea* mit ihren langen, spitz zulaufenden, creme- und terrakottafarben überlaufenen Kronblättern, innen, wo die pollenbeladenen Staubblätter sitzen, eine dunklere Braunschattierung annehmen. 25–30 cm hoch, brechen sie aus einem Teppich von *Leptinella potentillina* hervor, deren flach gepresste farnartige Blätter inzwischen mit winzigen Kugeln blassgrüner Blüten besteckt sind.

Tulipa hageri trägt kugelförmige Blüten an nur 22 cm hohen Stielen; ihr warmes Kardinalrot wird außen durch Olivschattierungen und innen durch eine Brauntönung gedämpft.

Tulipa linifolia hat schmale graue Blätter mit leicht gekräuselten Rändern; sie liegen wie Seesterne nahezu flach auf dem Boden, als wollten sie jeden Sonnenstrahl einfangen, um ihre Zwiebeln mit Nährstoffen zu versorgen. Die scharlachroten Blüten mit schmalen Kronblättern öffnen sich an sonnenwarmen Frühlingstagen zu weiten Schalen und zeigen dunkle Staubblätter vor einem bläulich purpurnen Hintergrund.

Tulipa saxatilis breitet sich über unterirdische Stolonen aus, an denen sich Tochterbulbillen bilden. Die lilarosa Knospen entfalten sich zu flachen, der Sonne zugewandten Schalen und zeigen eine leuchtend gelbe Mitte, von der sich die um den grünen Fruchtknoten angeordneten schwarzen Staubbeutel dekorativ abheben. Diese Tulpe braucht volle Sonne und mageren steinigen Boden, um richtig auszureifen; in nährstoffreicheren Böden bildet sie zahllose Blätter und kaum Blüten.

Oben:
Euphorbia epithymoides

Unten:
Euphorbia characias subsp. *wulfenii*

Gegenüber:
Es ist ein besonderes Erlebnis, wenn man über den entsprechenden Platz und die Bodenbedingungen verfügt, um die Formenvielfalt von *Euphorbia characias* subsp. *wulfenii* vorzuführen. Die Sämlinge fallen kaum einmal identisch aus. So können die Blütenköpfe groß und rundlich oder schmal und zylinderförmig sein, alle in unterschiedlichen Grüntönen.

FASZINIERENDE EUPHORBIEN

Verglichen mit anderen Blütenpflanzen, deren Auftritt einem flüchtigen Intermezzo gleicht, finden sich nur wenige, die so ausdauernd dekorativ wirken wie die Euphorbien. In unserem Garten sind zahlreiche Mitglieder der Familie vertreten, von denen manche feuchten oder sogar sumpfigen Boden benötigen, während andere Schatten und humosen Boden bevorzugen. Weil diese Arten in meinem Kiesgarten welken und eingehen würden, habe ich sie hier nicht aufgeführt.

Im Kiesgarten kündigt sich der Auftritt der Wolfsmilchgewächse bereits im Spätwinter an, wenn *Euphorbia characias* subsp. *wulfenii* langsam ihre gebogenen und „gefiederten" Hälse reckt. Allmählich öffnen sich die fest zusammengerollten Knospen, um in leuchtend grellem Gelbgrün riesige, zylinderförmige Köpfe mit schalenförmigen Blüten zu entfalten. Wochen-, ja monatelang bis in den Juni ist es die prächtigste Pflanze im Garten – ein gleichbleibend spektakulärer Blickfang, während Frühlingsblüher kommen und gehen. Wenn sie frühmorgens von Osten oder dann wieder abends von Westen her angestrahlt werden, bleibe ich bewundernd stehen, denn diese edlen Pflanzen scheinen bis in meine Küche zu leuchten, insbesondere vor einem mit Gewitterwolken verhangenen Himmel. Für den Rest des Jahres setzen sie als Blattpflanzen architektonische Akzente. Manchmal fahre ich an einem kleinen Vorgarten vorbei, in dem eine dieser Pflanzen den einzigen Blickfang bildet – ein wohltuender Gegensatz zu den mit Stiefmütterchen und Goldlack vollgestopften Rabatten der Nachbarn. Ich habe glücklicherweise so viel Platz, dass ich sie flächig einsetzen kann, wobei sie sich oft selbst versamen. Aus den Samen entstehen allerdings beträchtliche Farbvarianten. Manche können nahezu bleigrün ausfallen und womöglich ein dunkles oder sogar schwarzes Auge haben. Die aus Osteuropa stammende Wildart *E. characias* ist eine ziemlich finster wirkende Pflanze mit schlanken, dicht besetzten Blütenständen. Die meisten der als Gartenpflanzen erhältlichen Sorten von *E. characias* subsp. *wulfenii* lassen Züge eben jenes Erbguts erkennen, was zu interessanten Farbspielen führt. Am beliebtesten sind im Garten aber die leuchtend gelben Sorten. Benannte Sorten wie 'John Tomlinson' (in Griechenland gesammelt), die als erste Farbe bekennt, werden aus bewurzelten Stecklingen gezogen und sind daher nicht so leicht aufzutreiben wie solche aus Samen. Im Lauf der Jahre haben wir schöne, leuchtende Formen selektiert, und die aus diesem Saatgut gezogenen Pflanzen fallen weitgehend rein aus. Abweichungen betreffen hauptsächlich Größe und Form der Blütenstände. Kräftige Exemplare können zwanzig bis dreißig Stängel hervorbringen, die 1–1,5 m hoch werden und 30 cm lange, im Durchmesser 15–22 cm große Blütenstände tragen. In der Wirkung sind sie mit einem kompakten, mittelgroßen Strauch vergleichbar. Wir haben eine außergewöhnliche panaschierte Form dieser Euphorbie namens 'Emmer Green'. Die ganze Pflanze – Blätter, Stängel und Blüten – wirkt von weitem cremefarben. Bei näherem Hinschauen erkennt man dann, dass die Blätter mit dicken cremefarbenen Rändern und Adern überzogen sind; auch den Blütenschalen fehlt nahezu jede Spur Grün. Diese starke Panaschierung hemmt Größe und Wachstum, sodass die Pflanze in den vorderen Bereich der Rabatte gehört. Die vergleichbar milden Winter der

Oben:
Euphorbia characias subsp. *wulfenii*

Unten:
Euphorbia myrsinites mit *Anemone × fulgens*

letzten Jahre stellten indes keine Bewährungsprobe für die Winterhärte dieser Euphorbie dar.

Der guten Dränage im Kiesgarten ist es zuzuschreiben, dass *E. characias* subsp. *wulfenii* kalte Winter verträgt, aber die Erfahrung der letzten Jahre hat uns gelehrt, dass wir mit Verlusten – insbesondere von alten Pflanzen – rechnen müssen, wenn tagelang anhaltender Frost herrscht; wenigstens Sämlinge überleben unbeschadet. Aber in Gärten mit schwerem Boden und rauerem Klima sind größere Ausfälle unvermeidbar. Wildwachsend findet sich die Pflanze im südlichen Mittelmeerraum von Portugal und Marokko ostwärts bis in den Süden der Türkei.

Eine weitere Sorte von *E. characias* ist *E.* 'Portuguese Velvet'. Anstatt wachsartig bereifter Blätter sind Stängel, Blätter und Blüten mit einem kurzen Flaum kaum sichtbarer, daunenweicher Härchen bedeckt, die sich samtig anfühlen, und über dem dunklen blaugrünen Laub einen leicht schimmernden Glanz erzeugen. Die langen, schmalen zylinderförmigen Blütenstände haben die gleiche dunkle Farbe, betont durch die nahezu schwarze Mitte, und erinnern mich an einen Ausspruch von E. A. Bowles zu dieser Euphorbie (Graham Stuart Thomas zitiert ihn in seinem unschätzbaren „Modern Florilegium): „Eigenartig dumpfe Blütenstände mit auffallend schwarzen Flecken …, weshalb ich ihnen gern den Namen gebe, den ich (in Dublin) gelernt habe: ‚Froschlaichbusch'." Ich bin mir ziemlich sicher, dass *E. characias* 'Portuguese Velvet' einen gut durchlässigen Boden und den Schutz einer von der Sonne erwärmten Mauer benötigt, um strenge Winter zu überleben. Was das etwas dumpfe Aussehen mancher Euphorbien der Art *characias* betrifft, so habe ich neulich mit Bewunderung gesehen, wie ein kreativer Florist in unserer Dorfkirche leuchtende und „dumpfe" Formen in ein ausschließlich in Grüntönen gehaltenes Arrangement eingebunden hatte. Wie bei allen Pflanzen ist es lediglich eine Frage der Platzierung, wie gut ihre individuellen Charakteristika zur Geltung kommen.

Es gibt jedoch auch zahlreiche kleinere Euphorbien, die sehr schön sind, und den Winter bestens überstehen. Die gewundenen kriechenden Triebe von *E. myrsinites*, die in graublaue, schuppenartige Blätter gekleidet sind, zeigen im Winter an den Spitzen in dichten Rosetten stehende Blütenknospen. Wochenlang breiten sie sich aus und entfalten lindgrüne Blüten an weit ausladenden Blütenständen, die die Blätter mit der Zeit nahezu verdecken; sie bilden einen herrlichen Kontrast zu der scharlachroten *Anemone × fulgens*, die sich zwischen ihnen ausgesät hat, oder der kleinen, gleichermaßen intensiv leuchtenden Wildtulpe *Tulipa linifolia*. Aber am längsten halten sich die Anemonen, bis sie sich in Wattebäusche, voll mit reifendem Samen, verwandeln, und von den hohen Stängeln der Graslilie *Anthericum liliago* 'Major' abgelöst werden. Im Hintergrund erhebt sich die großblättrige Form von *Salvia officinalis*, die die Wirkung dieser Gruppe unterstreicht, während ihr die großen Blätter einer Bergenie Halt bieten und markant die Konturen des Wegrands nachzeichnen.

Ganz in der Nähe wächst eine ähnliche, aber selten verwendete Euphorbie, *E. rigida*, sie ist aufrechter im Wuchs als *E. myrsinites*, mit Quirlen spitz zulaufender, schuppenartiger Blätter an rosa Stielen. Ihre Blüten sind intensiv goldgrün; mit der Samenreife färben sich die schalenförmigen Hochblätter warm korallenrot. Obwohl sich die Pflanze in unserem durchlässigen Boden als relativ kälteverträglich erweist, ist die Wahrscheinlichkeit, dass sie brauchbare Samen ansetzt, durch den Frost in Frage gestellt, weil die Blüten so früh erscheinen. Wenn Nachtfrost angesagt ist, decken wir sie mit einer Folienhaube ab. Später werden die dicken Samenkapseln, die so groß wie grüne Erbsen sind, in Papiertüten geschützt, damit sie nicht unversehens aufplatzen. Die Pflanze stammt aus Südosteuropa. Es muss ein großartiger Anblick sein, eine ganze Kolonie auf felsigem Kalkstein zwischen den Schieferplatten der Berghänge wachsen zu sehen.

Euphorbia nicaeensis aus dem südlichen Mittelmeerraum ist äußerlich eine Mischung zwischen *E. myrsinites* und *E. rigida*. Aufrechter als *E. myrsinites*, sind ihre roten, an der Basis kahlen Triebe oberhalb mit schmalen grauen Blättern besetzt, darüber stehen ausgeprägt runde Köpfe mit jadegrünen Blüten, die später als die der beiden anderen erscheinen; es ist, als wollten sie mit ihrer frischen Farbe den Frühling hinauszögern. Sie benötigen allerdings Schutz vor strenger winterlicher Kälte und sind somit lediglich für Gärten in milden Lagen geeignet.

Während *Euphorbia dulcis* recht unscheinbar wirkt, bis ihr Laub im Herbst plötzlich in flammenden Farben auflodert, erregt *E. dulcis* 'Chameleon' von dem Moment an Aufsehen, wo niedrige Horste bronzefarben überlaufener, zinnoberroter Blätter durch den Boden brechen. Die Sämlinge fallen rein. Ihre intensiv dunkle Farbe erzeugt eine Art Patch-work-Effekt, wenn sie, wie zufällig verstreut, zwischen den pastellfarbenen, duftigen Beständen der Jungfer im Grünen, den fetten, zinnfarbenen Blättern von *Sedum telephium* subsp. *ruprechtii* und niedrigen Kissen von *Saponaria ocymoides* auftauchen, die bereits mit winzigen rosa Nelkenblüten besteckt sind. Die purpurn gefleckten Hochblätter schützen zierliche, mit grünen Quasten versehene „Augen", während die ohnehin dunkle Färbung im Herbst eine noch tiefere kirsch- und pflaumenviolette Tönung annimmt. Gezwungenermaßen habe ich inzwischen allerdings begriffen, dass der Boden in meinem Kiesgarten einfach zu mager ist für diese Euphorbie. Sichtbar geschwächt, war sie so stark von Rost befallen, dass wir sie versetzen mussten, aber Sämlinge erscheinen weiterhin. *Euphorbia epithymoides* und *E. e.* 'Major' – auffallend wie Narzissen – sind sich sehr ähnlich, abgesehen davon, dass *E. e.* 'Major' etwas größer ist. Beide bilden mit ihren Trieben niedrige Tuffs, deren abgeflachte, über und über mit leuchtend gelben Hochblättern und Blüten besetzte Köpfe am Rabattenrand wie Sträuße wirken. Eine andere Sorte ist *E. e.* 'Candy' mit bronzegetöntem jungem Laub. Aufgrund der trockenen Bedingungen im Kiesgarten werden sie später oft durch Mehltau entstellt. Wenn wir daran denken, schneiden wir sie, nachdem wir die Samen gesammelt haben, bis auf Bodenhöhe zurück; sie treiben so rasch wieder aus, dass der Boden im Nu erneut bedeckt ist. Beide Euphorbien sterben im Winter bis auf die Basalknospen ab, sodass ihnen die Kälte nichts anhaben kann.

Euphorbia pithyusa bildet ein niedriges, verholztes Gerüst aus Stämmen und Ästchen, das von Quirlen kleiner, spitz zulaufender graublauer Blätter umgeben ist. Ich mag sie um ihrer Form und der Farbe ihres Laubes willen gern zusammen mit niedrigen Tulpen, wie der feinen bräunlich roten *Tulipa hageri*. Später treten ihre breiten, mit kleinen grünen Blüten bedeckten Blütenstände zwar nicht sonderlich hervor, wirken aber zwischen all den mattenbildenden Pflanzen wie den *Thymian*-Arten oder Formen von *Silene uniflora* strukturbildend.

Euphorbia seguieriana subsp. *niciciana* ist ein wahrer Segen, denn sie beginnt erst zu blühen, wenn die im Frühling und Frühsommer blühenden Euphorbien abgetreten sind. Sie wirkt sehr viel zierlicher mit ihren vielen schlanken Stängeln, die eine lockere, anmutige Gruppe bilden und sich zu einem riesigen Strauß öffnen, sobald sich die flachen, wie Spitzenhäubchen aussehenden Köpfe mit kleinen erbsengrünen Blüten entwickelt haben; bis in den Herbst hinein bewahren sie ihre frische Farbe. Wenn die Blätter dann allmählich welk werden und abfallen, bieten die roten, aus dem Kiesboden aufsteigenden Triebe in der Struktur ein ganz anderes Bild. Eine einjährige Euphorbie, *E. stricta*, bringt im Hochsommer Wogen frühlingshaften Grüns hervor (s. Seite 92). *Euphorbia cyparissias* ist, weil sie sich unbändig ausbreitet, gefürchtet – zu Recht, insbesondere auf kleinen Flächen; und doch wirken die anmutigen Pflanzen mit den schwefelgelben Blüten geradezu hinreißend, wo in naturnahen Bereichen Raum ist, vor allem in Felsspalten. Ich erinnere mich an einen hohen Berghang in Portugal, überzogen mit *Narcissus poeticus* und darunter, wie ein wogendes Meer diese Euphorbie (oder etwas ganz Ähnliches). Eine Sorte (ebenfalls Kolonien bildend), *E. c.* 'Fens Ruby', bezaubert mich mit ihrer Laubwirkung, vergleichbar mit kleinen Koniferensämlingen oder auch mit Flaschenbürsten. Ihre zahlreichen Stängel sind in dunkle blaugraue Blätter gekleidet, die oberen Tuffs kastanienrotbraun gefleckt – ein schöner Kontrast zu den spitzenartigen Köpfen mit gelbgrünen Blüten. Entlang unserer Auffahrt zum Haus kann sie kaum Schaden anrichten inmitten gleichermaßen durchsetzungsfähiger Nachbarn wie Bergenien und Immergrün, insbesondere der reizenden frühblühenden *Vinca minor* 'La Grave'.

Vorsehen sollte man sich vor dem weißen, milchigen Saft, den die frisch geschnittenen Stiele der Euphorbien aussondern. Er verursacht Hautreizungen, besonders an empfindlichen Stellen. Es empfiehlt sich deshalb, Handschuhe zu tragen und ihn nicht in die Augen zu bringen.

Wenn man Euphorbien für einen Strauß schneidet, taucht man sie, damit die Schnittstellen nicht austrocknen und um die Stängel zu versengen, nach erneutem Anschneiden in heißes Wasser oder hält sie ein paar Sekunden über eine Flamme. So bleiben sie in Wasser lange haltbar.

Die meisten Euphorbien setzen reichlich Samen an. Wenn die Samenkapseln reif sind, kann man sie aufplatzen hören; an warmen Nachmittagen geben sie leise dumpfe Pufflaute von sich. Besondere Raritäten packen wir in Papiertütchen, bis sie ausgereift sind. Einige selektierte und benannte Sorten, die nicht rein aus Samen fallen, werden durch Stecklinge vermehrt. Euphorbien sind im Grunde genügsam, vorausgesetzt man wählt jene, die für den vorgesehenen Standort geeignet sind. Selbst wenn der Boden nicht ideal ist, lässt er sich durch tiefes Umgraben (Aufbrechen des Unterbodens) und eine dünne Schicht Humus (oder Kies in schwerem Tonboden) so aufbereiten, dass die Pflanzen gute Startbedingungen erhalten. Erst einmal richtig eingewachsen, lohnen sie es uns mit Sämlingen, die überraschend an Stellen aufgehen, an die wir sie nie gesetzt hätten, so etwa eingeklemmt in den Ritzen zwischen Pflaster und Hauswand. Seltsamerweise gedeihen solche Pflanzen oft besser als jene, die wir mit größter Sorgfalt gepflanzt haben. Die Erfahrung lehrt mich, dass Pflanzen, die sich selbst aussuchen können, wann und wo sie sich ansiedeln, in der Regel gesünder und robuster sind.

Die tief stehende Abendsonne wirft ein Muster aus Licht und Schatten über dieses Frühlingsbild. Die rosavioletten Blüten von *Bergenia* 'Rosi Klose' bringen Wärme zwischen die kühlen Grüntöne der verschiedenen Euphorbien, während die hohen Säulen von × *Cupro-cyparis leylandii* im Hintergrund den erforderlichen optischen Halt geben.

Oben links:
Unter den nahezu schwarzen Formen der Schwertlilien findet sich diese elegante Schönheit, *Iris* 'Black Swan', die an 75 cm hohen Schäften ihre aufrechten, seidigen Domblätter und die schwarzen, samtigen Hängeblätter präsentiert.

Oben rechts:
Iris 'Pearly Dawn' zeigt kürzere Schäfte und mehr Blütenknospen. Die durchscheinenden, chiffonartigen Blütenblätter in zartem pastelligem Rosa werden im Innern dunkler und erinnern mich an ein Fruchtsorbet.

ERGÄNZENDE AKZENTE

Nachdem ich für unseren Katalog Beschreibungen einiger guter neuer Beetiris-Sorten verfasst hatte, die in unseren Mutterbeeten gedeihen, wollte ich sie auch im Kiesgarten testen. Ich hoffte, sie würden sich nicht zu exotisch zwischen meinen Wildpflanzen ausnehmen, denn ich weiß, wie vorsichtig man beim Mischen von Zuchtformen und Wildpflanzen sein muss, damit sie sich nicht gegenseitig stören. Im Frühsommer aber, inmitten einer Fülle von Formen und Strukturen, dürfen die Iris jenes Quäntchen vergänglicher Schönheit einbringen; das Gleiche gilt für die deutschen Züchtungen des Türkischen Mohns, *Papaver orientale*, aber auch für die einfachen und gefüllten Formen des Schlaf-Mohns, *Papaver somniferum*, die sich selbst aussamen und überraschend zwischen den Horsten von *Cistus*, *Phlomis*, *Salvia* und *Ballota* aufschießen.

Unter den neuen Iris, die wir im Frühjahr 1998 pflanzten, findet sich *Iris* 'Black Swan' mit samtschwarzen Hängeblättern und dunkelvioletten, seidigen Domblättern. Den Hintergrund bilden Lavendelbüsche, die fleischigen Horste von *Sedum* (Herbstfreude-Gruppe) 'Herbstfreude' und *Euphorbia epithymoides*, die später rostrote Samenkapseln tragen wird. Eine weitere Iris-Sorte, *I.* 'Jane Phillips' mit gerüschten himmelblauen Blütenblättern, bildet starkwüchsige, blühfreudige Horste. Im Hintergrund erheben sich später eine Stranddistel (*Eryngium* × *tripartitum*) und die hohe gelbe Stockmalve *Alcea rugosa*, im Vordergrund *Euphorbia myrsinites* und dazwischen die hübsche Einjährige *Omphalodes linifolia*, über deren Büscheln schmaler grauer Blätter Wolken runder, kleiner weißer Blüten stehen.

Kürzlich pflanzten wir *Iris* 'Pearly Dawn' – ihr traumhaftes Altrosa dürfte Floristen schier um den Verstand bringen. Die kurzen Schäfte (nicht so kurz, um plump zu wirken) bringen eine Folge blasser, durchscheinender rosafarbener Blüten hervor; ihre Blütenblätter lassen mich an Fruchteis mit einem Schuss Aprikosenlikör denken. Allein schon die schwertförmigen Blätter bilden unübersehbare Akzente zwischen den kuppelförmigen Horsten der *Santolina*- und Salbeibüsche oder zwischen niedrigeren Pflanzen wie den graufilzigen Blättern des orangefarbenen Großköpfigen Wollblatts, *Eriophyllum lanatum*.

Im hinteren Bereich der breiten, von der Hecke aus × *Cuprocyparis leylandii* eingefassten Rabatte setzte ich noch weitere Jungpflanzen des Riesenfenchels, *Ferula communis*; denen, die David im letzten Jahr gesetzt hatte, nickte ich aufmunternd zu. Gleich Teenagern, die nur darauf warten, den Platz der reifen Erwachsenen einzunehmen, bilden sie inzwischen große wogende Massen fein gefiederter Blätter, über denen im kommenden Jahr die Blüten stehen werden. Die einzelnen Stängel werden über 3 m hoch. (Als wir vor vielen Jahren einmal einen abschnitten und ich mich daneben auf den Weg legte, war er doppelt so groß wie ich.) Wir pflanzten drei in Töpfen gezogene *Astelia chathamica* (syn. *A. nervosa* var. *chatamica* 'Silver Spear') aus, mit starren, lanzenförmigen Blättern, die mit einer dünnen Silberpatina überzogen scheinen. Sie sollen zwischen den dunklen, ledrigen Blättern der Zistrose und der Kuppel eines *Ceanothus* vor dem Hintergrund des silbrig panaschierten Ligusters *Ligustrum ovalifolium* 'Argenteum', kräftige Akzente setzen. Es bleibt abzuwarten, wie die *Astelia* einen richtigen Winter überstehen; ich habe aber Hoffnung, dass sie in dem gut durchlässigen Boden im Schutz der Hecke überleben.

Wenn ich an die kommenden Wochen und Monate denke, merke ich, dass uns noch einige Randpflanzen fehlen, zumal ohne ersichtlichen Grund nicht alle Sonnenröschen (*Helianthemum*) durchgekommen sind. Ob sie in einer Tasche aus reinem Kies steckten und keine Erde hatten?

Wir schoben die Kiesschicht beiseite, gruben einen Teil des steinigen Bodens aus, gaben eine Mischung aus gut verrottetem Kompost in das Loch und pflanzten erneut bewährte Sorten wie 'Rhodanthe Carneum' ('Wisley Pink') und 'Sudbury Gem'. Dazu kamen weiße und purpurviolette Formen *von Lychnis coronaria*, die über den Matten von *Phuopsis stylosa* und hinter *Helianthemum* 'The Bride' vertikale Elemente einbringen, und das Weiß mit Blüten auf einer anderen Ebene wiederholen, wenn die muschelrosa Blüten des Türkischen Mohns *Papaver orientale* 'Karine' daneben verblüht sind.

DAS ÜPPIGE BILD DES SOMMERS

Seite 52:
Obwohl ich in meiner Bepflanzung hauptsächlich Arten verwende, füge ich um der dekorativen Wirkung willen gern Züchtungen ein, die sich nicht allzu fremd dazwischen ausnehmen. Der Obergärtner meiner verstorbenen Freundin Helene von Stein Zeppelin, Isbert Preußler, hat in Süddeutschland über viele Jahre neue Sorten des Türkischen Mohns, *Papaver orientale*, gezüchtet. Eine besondere Vorliebe habe ich für seine Züchtungen mit mittelgroßen Blüten, die nur so hoch werden, dass sie kaum eine Stütze benötigen. Hier im Bild: *Papaver orientale* 'Juliane'.

Ein Garten ist im Gegensatz zu einem Gemälde in ständigem Wandel begriffen – von einem Tag auf den anderen, von einer Stunde auf die nächste ändert er sein Gesicht, besonders im Frühsommer, wenn Unmengen von Pflanzen ans Licht drängen, um entschlossen ihrer genetischen Pflicht nachzukommen.

Von früh morgens bis zu den letzten Sonnenstrahlen, die in schmalen, langen Streifen und Schatten einfallen, präsentiert er sich in seiner ganzen Schönheit und Vergänglichkeit. Während ich dies an einem warmen Tag Ende Mai in meinem Notizbuch festhalte, ertönt immer wieder der Ruf eines Kuckuckspaars, das sich bei uns eingenistet hat, das klagende Gurren der Türkentaube, das sich deutlich von dem lebensfrohen Gezwitscher zahlreicher kleinerer Vögel unterscheidet. Drosseln und Amseln fliegen in den Büschen ein und aus, um ihre Brut zu versorgen. Ein Fliegenschnäpper-Pärchen schießt über meinen Kopf, während ich unter der Magnolie sitze und Tee trinke; die beiden müssen ihr Nest in unmittelbarer Nachbarschaft der Drossel gebaut haben, denn immer wieder verschwinden sie, den Schnabel voller Futter, blitzschnell zwischen den Blättern. Fasziniert verfolge ich auch ihren Tauchflug, wie sie über dem Kiesgarten aufsteigen und sich plötzlich in die Tiefe fallen lassen. Ihre seltsamen langen Schwanzfedern erinnern mich ebenso wie ihre Flugtechnik, an der man sie so leicht erkennt, an jenes mit einem kleinen Räderwerk versehene Spielzeug aus unseren Kindertagen; wenn man es aufzog, bewegte es sich ruckartig hin und her, bis die Mechanik irgendwann kaputt war.

In diesem Monat ist kaum ein Tropfen Regen gefallen; tagelang war es ungewöhnlich heiß und dann wieder extrem windig. Und doch scheint es, als ob der ganze Garten, der Kiesgarten, die Gärten in unserem Dorf und die Landschaft ringsum nie schöner oder üppiger gewesen wären: ein wahres Blütenmeer, das Bäume, Sträucher und Blumen entfalten. Rundum üppiges Wachstum, dank eines leichten Regens (etwa 100 mm), der im April über drei Wochen so stetig fiel, dass er tief bis zu den Wurzeln vordrang. (Unbegreiflich, wie in der Wettervorhersage von „drohendem Regen" die Rede sein kann.)

Oft bleibe ich stehen, um staunend die feinen Farben und Formen der Pflanzen zu betrachten. Ich leide mit ihnen, wenn Trockenheit und Wind ihnen bis zur Erschöpfung zusetzen und bade mit ihnen, wenn nach einem heiß ersehnten kurzen Regenschauer ringsum alles still und feucht ist. Wie verzaubert verfolgen wir den Fortgang dieses Schauspiels, wohl wissend, wie vergänglich jeder Akt ist. Und schon ist es wieder Zeit, dass unsere Scheren zum Einsatz kommen, die vergangene Pracht abgeräumt wird, um Platz für den nächsten Auftritt zu schaffen. Bei umsichtiger Bepflanzung dürfte es aber kaum je an Akteuren fehlen.

Entlang den Windungen des Kieswegs, dessen Konturen unter der überschäumenden Vegetation fast verschwinden, scheinen die Farben gleich Wellen anzuschwellen und zurückzuweichen zwischen den vielen Pflanzen, die darauf warten, im Lauf des Sommers ins Rampenlicht zu treten. Tag für Tag präsentieren sich von früh bis spät neue Charaktere. Die Wildgladiole *Gladiolus communis* subsp. *byzantinus* erfüllt mich bereits als Knospe mit Freude. Immer wieder mache ich diese Erfahrung – ob mit dem vielversprechenden Anblick der Apfelblüte, Butterblumen, einem Fliederbusch – stets fühlen wir uns in dem Augenblick, da sich die ersten Knospen öffnen, innerlich so viel tiefer berührt als von der vollen Blüte, mit der auch die Intensität der Empfindung nachlässt, während die Farben allmählich verblassen. Aber zurück zu den Gladiolen: Ihre Ähren aufwärts gerichteter, langer schmaler Knospenüber den lanzettlichen Blättern bringen Abwechslung in das eintönige Bild der vielen rundlichen Pflanzenhorste. Als ich das letzte Mal an ihnen vorbei ging, war noch keine einzige Blüte zu sehen. Und doch hatten sich nur etwa eine Stunde später die ersten seidig glänzenden Kronblätter entfaltet, um mit ihrem fantastischen violett-bronzenen Farbakkord leuchtende Akzente zu setzen über dem graulaubigen Teppich des Stachelnüsschens (*Acaena*) und den lilarosa Matten des Thymians. Näher betrachtet erinnern mich die einzelnen Blüten an einen Farbkasten oder an eine Palette, auf der Violett und Korallenrot ineinandergeflossen sind; ein Pinselstrich Weiß entlang der Mitte der drei unteren Kronblätter scheint den Insekten den Weg zum verborgenen Herzen zu weisen. Im Umkreis der Gladiolen hat sich, farblich gleichermaßen harmonisch, das Leinkraut *Linaria triornithophora* ausgesät, das soeben seine kleinen rosavioletten Lippenblüten entfaltet; die reihenweise angeordneten Knospen sehen wie grün gestreifte Wellensittiche aus, wenn sie zu dreien oder vieren in Abständen die verzweigten aufrechten Stängel umfassen. In Rosa und Violett überraschen sie uns in den kommenden Wochen mit ihren wie Edelsteine schillernden Farben.

Andernorts stoße ich auf die außergewöhnliche Kombination einer scharlachroten *Tulipa sprengeri*, die mit einem Horst *Gladiolus communis* subsp. *byzantinus* liebäugelt. Ein berauschendes Bild! (Christopher Lloyd hätte seine helle Freude daran.) Darunter breitet sich eine Patchwork-Decke aus dem dunklen Schiefergrau-Purpur von *Sedum* 'Bertram Anderson' und dem intensiven Rosaviolett von *Gypsophila repens* 'Rosa Schönheit' aus. Die kriechenden Triebe und Fruchtstände von *Euphorbia myrsinites* versuchen, den lauten Farbakkord zu dämpfen, während sich die purpurnen, fedrigen Fruchtstände von *Pulsatilla vulgaris* neben den Horsten der Fetthenne im Wind wiegen. Dahinter, stattlich und in sich ruhend wie ein gut platziertes Möbelstück, eine *Yucca gloriosa* 'Variegata' und eine einladende Kuppel von *Ballota pseudodictamnus* mit graufilzigem Laub.

Ende Mai kommt als letzte unter den Tulpen *Tulipa sprengeri* zum Blühen. Unauffällig mit ihren schlanken grünen Knospen, ist sie plötzlich da, wie scharlachroter Klatsch-Mohn im Acker, und fast ebenso rasch wieder verschwunden, bis auf die schmalen gerippten Samenkapseln, die ihre Samen verstreuen – in ein bis zwei Jahren wird hier ein kleiner Fleck mit scharlachroten Köpfen entstanden sein. *Helianthemum* 'Tomato Red' bildet einen ausgezeichneten Hintergrund für die lilienblütigen Tulpen. Diese Sonnenröschen halten ihre Blüten länger offen als die meisten anderen; bis in den Nachmittag erstrahlt ihr warmes, zart überlaufenes Tomatenrot, die durchscheinenden Kronblätter durch einen winzigen grünen Knopf zusammengehalten.

MIT GOLDFÄDEN DURCHWIRKT

Während die Rosa-, Mauve- und Blautöne in den verschiedenen Formen der Katzenminze, distelartigen Flockenblumen, weiten Teppichen des Thymians und zahlreichen Varianten des Salbeis dicht aufeinander folgen, zieht sich Gelb wie ein Faden aus reinem Gold durch diese farbenreiche und vielfältig strukturierte Landschaft. Im Mittelpunkt stehen zwei Sträucher, der Binsenginster, *Spartium jun-*

Links:
Achillea 'Moonshine'

Rechts:
Stachys byzantina 'Primrose Heron'

Gegenüber:
Oft säen sich Pflanzen von selbst aus und ergeben Bilder, die uns nie in den Sinn gekommen wären. So stieß ich im hinteren Bereich der langen Rabatte auf diese Gruppe verschiedener Vertikalen, die sich zwischen den rundlichen Formen von *Brachyglottis* (Dunedin-Gruppe) 'Sunshine' und ledrig belaubtem *Cistus* fanden. Diese Königskerze hatte ich von Sir Cedric Morris einst als *Verbascum olympicum* bekommen, es ist aber wohl *V. bombyciferum.*

ceum, und der Aetna-Ginster, *Genista aetnensis*, die an diesem trockenen, sonnigen Maimorgen die laue Luft mit Wohlgeruch erfüllen.

Der Binsenginster entfaltet soeben seine spitz zulaufenden Blütenähren, die an steifen, stricknadelähnlichen Zweigen stehen. Eine einzelne zitronengelbe Baum-Lupine, *Lupinus arboreus*, die sich im Hintergrund ausgesät hat, zeichnet sich hinter dem filigranen Blütenschleier des Meerkohls, *Crambe cordifolia*, ab, der mit seinem Labyrinth aus steifen, verzweigten Stängeln über 2 m hoch wird, und mit winzigen grünen Knospen übersät ist, die nur darauf warten, sich zu einer Wolke cremeweißer, nach Honig duftender Blütchen zu entfalten.

Die hohen Kandelaber der Königskerzen mit ihren wolligen Blättern sind noch immer über und über mit hellgelben Blüten besetzt und heben sich scharf von der dunklen × *Cuprocyparis-leylandii*-Hecke ab. Sie posieren aber auch am vorderen Rand der Rabatte als aufregende Vertikale hoch über niedrigen Bodendeckern; hier kann man sie von oben bis unten, und an einer freien Stelle von allen Seiten bewundern.

Wiederholt wird der Gelbton mit den knopfartigen Blütenköpfchen von *Santolina*, *Achillea* 'Moonshine', den löwenmäulchenähnlichen Kerzen von *Linaria dalmatica*, dem Gelben Hornmohn, *Glaucium flavum*, gelblaubigem Oregano, *Origanum vulgare* 'Thumble's Variety', und einer unmittelbar vor dem Aufblühen stehenden, bezaubernden einheimischen Pflanze, die in der Natur kaum mehr zu finden ist: *Bupleurum falcatum*. Da es sich um eine Zweijährige handelt, werden die am Wegrand wachsenden Sämlinge erst im kommenden Jahr blühen und zierlich verzweigte Stängel mit zarten Dolden aus winzigen gelben Kerbelblüten bilden. Die ganze Pflanze erzeugt mit ihren nahezu unbelaubten Stängeln und den darüber verstreuten Blütenständen im Hochsommer eine ähnlich frische und anmutige Wirkung wie die erbsengrünen Schäume von *Euphorbia stricta*, die sich von selbst ausgesät hat zwischen *Geranium subcaulescens*, *Origanum* 'Rosenkuppel' (noch nicht in Blüte) und *Stachys byzantina* 'Primrose Heron', deren gelbes Frühlingskleid inzwischen verblichen ist; die reifen Rosetten schimmern blassgrau. Frisches gelbes Laub erscheint mit dem Herbstwachstum.

Ein besonders schönes Gelb zeigen die kühlen Schalenblüten der Runzligen Stockrose *Alcea rugosa*. Leider ist sie wie alle Stockrosen anfällig für Rost, der die Blätter verdirbt; hinter fülligeren Pflanzen angesiedelt fällt der Rost aber weniger

Seite 58/59:
Manche Pflanzen haben die extrem trockenen Sommer in diesem steinigen Boden nicht vertragen. *Phlomis russeliana* wurde deshalb in feuchteren Boden versetzt. Die gelbe *Achillea* 'Moonshine' bleibt hier und bildet einen schönen Kontrast zu den tief wurzelnden Meerkohlarten (*Crambe*). *C. koktebelica* wirkt wie eine Wolke, wenn ihre stark verzweigten Stiele mit Tausenden winziger weißer Blüten übersät sind.

Links:
Ferula tingitana 'Cedric Morris' ist eine feinere, kürzere Version des Riesenfenchels mit glänzend grünen, klein gelappten Blättern. Ihre großen gelbgrünen Blütendolden werden bis zu 1 Meter hoch. Gesammelt von Cedric Morris.

auf. Sie sät sich aus, wo immer sie Platz findet, und bildet manchmal einen großen Horst im Hintergrund der Rabatte, wo sie von Nachbarpflanzen gestützt wird, treibt aber auch einmal zwischen niedrigen Pflanzen am Rabattenrand aus. Wochenlang habe ich überlegt, ob ich sie an dieser Stelle ausreißen sollte, ließ sie dann aber doch stehen; nun sitze ich auf einem kleinen Klappstuhl daneben und während ich dies schreibe, freue ich mich, wie stolz und einsam sie vor mir aufragt. Auffallend ist, dass sie kaum Anzeichen von Rost zeigt. Was kann ich daraus lernen? Ist die Luftzufuhr am Rabattenrand so viel besser, dass die Krankheit ihr bisher nichts anhaben konnte?

Phlomis fruticosa steht kurz vor der Entfaltung ihrer krallenförmigen gelben Blüten. Mit den in dichten Quirlen stehenden Köpfen in 90–120 cm Höhe bietet die Pflanze ein lebhaft heiteres Bild. Am besten schneidet man sie nach der Blüte. Ein überalterter oder verkahlter Busch lässt sich verjüngen, indem man die Äste auslichtet und unansehnliche Teile über dem Boden abschneidet. Obwohl dabei die Hälfte des Blattwerks entfernt wird, entsteht Platz für einen kräftigen Neuaustrieb. Anderswo hat die weißblühende Form von *Saponaria* flache, 90 cm breite und etwa 25 cm hohe Kissen gebildet, die unter den dichten winzigen Blüten beinahe verschwinden; es scheint, als ob sie mit den leuchtend gelben Kuppeln von *Genista lydia* um Aufmerksamkeit wetteiferten. Der üppig blühende Salbei *Salvia lavandulifolia* bildet einen prächtigen Hintergrund für gelbe Blätter und Blüten und windet sich wie ein blaues Band zwischen *Genista lydia*, *Achillea tomentosa* und *Allium moly* hindurch, dessen grün gestreifte, frischgelbe Blütenköpfe mir besonders lieb sind. Verschiedene Formen von *Erysimum* bringen Gelbtöne und Texturen ins Spiel, die sich kontrastreich von der „Möblierung" im Hintergrund, einer wollig graulaubigen *Ballota*, den noch geschlossenen Blütenähren des Lavendels, den schwertförmig spitzen Blättern der *Yucca* oder der *Yucca*-artigen *Kniphofia caulescens* abheben. *Erysimum pulchellum* bildet einen großen, niedrigen Kreis aus zarten, mit schwefelgelben Blüten besetzten Kerzen, während *E.* 'Bowles's Yellow' eher wie ein Strauch wirkt und dichtere Blütenstände mit dottergelben, duftenden Blüten trägt, die sich aus dunklen purpurn gefleckten Knospen entfalten. Dieser Goldlack erfreut uns lang und anhaltend; die ersten Blüten öffnen sich Ende März und wirken Ende Mai noch immer hübsch, denn ihre dicht stehenden Blütenstiele mit den noch nicht entfalteten Knospen verbergen die niedrigeren Stängel mit bereits verwelkten und abgefallenen Blüten. Die Pflanze scheint keine Samen anzusetzen.

Einen anderen schönen, niedrigen Goldlack erhielt ich unter dem Sortennamen 'Rosemoor'. Seine Blätter sind kaum sichtbar unter dem Meer von Blüten, über dem sich mehrere Bienenarten und winzige, wie Florfliegen aussehende Insekten tummeln. Von weitem wirken die Blüten cremegelb, von nahem aber lassen sich Büschel kastanienrot gefleckter Knospen erkennen, die sich zu blassgelben Blüten öffnen und zu einem hellen purpur überhauchten Cremeweiß verblassen. Daneben nimmt eine beeindruckend schöne Gruppe von mauve-rosafarbenen Korbblütlern mit blauem und gelbem Auge, *Osteospermum jucundum*, Elemente dieser zauberhaften Farbpalette auf, um das Schauspiel, lange nachdem der Goldlack verblüht ist, fortzusetzen.

Oben:
Verbena bonariensis

Unten:
Papaver rhoeas Mother-of-Pearl-Gruppe

Gegenüber:
Die milderen Winter haben uns Mut gemacht, seltenere Lavendelarten zu pflanzen, einen sonnigen Standort und gut dränierten Boden vorausgesetzt. Im Bild *Lavandula pedunculata* subsp. *pedunculata* mit längeren Schöpfen als die Art. *Tulipa sprengeri*, die am spätesten blühende Wildtulpe, strahlt geradezu aufbegehrend in den Vordergrund; ihre schlanken grünen Knospen halten sich bis zum letzten Augenblick geschlossen, um an einem sonnigen Morgen dann plötzlich aufzuspringen.

ROSA UND VIOLETT

Kaum etwas dürfte im Kiesgarten an einem sonnigen Sonntagnachmittag Anfang Juni bezaubernder wirken als zwei Formen des Türkischen Mohns. Beide Züchtungen sind in Deutschland entstanden. *Papaver orientale* 'Juliane' trägt zerknitterte lachsrosa Kronblätter und erhebt sich über *Anthemis punctata* subsp. *cupaniana* mit Unmengen dicht gedrängter kalkweißer Margeritenblüten mit gelber Mitte. Dazwischen steht an hohen Stängeln ein schwarz-violetter Zierlauch, *Allium atropurpureum*, dessen Kugeln die Form der Mohnkapseln aufnehmen. Hinter dem rosavioletten *Cistus* 'Peggy Sammons' beginnt sich *Cistus* × *cyprius* zu entfalten. Die hohen weißfilzigen Kandelaber von *Verbascum* zeichnen sich klar vor der sattgrünen, gestutzten Hecke aus Leylandzypressen ab.

Der andere rosafarbene Mohn, *P. o.* 'Karine', wird nicht ganz so hoch, bestenfalls 75 cm. Viele Stängel sind kürzer und benötigen keine Stütze; mit ihren weiten, schalenförmigen Blüten in durchscheinendem blassem Lachsrosa, schmiegen sie sich an einen großen Horst *Stemmacantha centaureoides* an – eine grandiose, skulpturale Pflanze mit stark eingeschnittenen grauen, unterseits weißen Blättern. Sie tragen steif aufgerichtete, golfballgroße Knospen, die aus überlappenden silbrig-transparenten Schuppen bestehen. Aufgeblüht wirken sie wie Puderquasten mit ihren fein gefiederten purpurvioletten Kronblättern, Staubgefäßen und Stempeln.

Centaurea pulcherrima eignet sich gut für den Rand der Rabatte. Über vielfach gefiederten graugrünen Blättern erheben sich 45–60 cm hohe Stängel, die große, kornblumenartige Blütenkörbchen tragen. Die silbrig-lohfarbenen Knospen, die von federartigen Hochblättern umgeben sind, entfalten sich schließlich zu wunderschönen Köpfen mit 8–10 cm Durchmesser. Ein Rand aus zart mauvefarbenen, trichterförmigen Blüten mit tief eingeschnittenen Kronblättern umgibt die weiße gewölbte Mitte, die Narbe und Staubblätter enthält. Kein Zweifel, der gerüschte Blütenrand dient dazu, Insekten zur Bestäubung anzulocken. Eine Sorte des scharlachroten Klatsch-Mohns, *Papaver rhoeas*, von Cedric Morris in jahrelanger Arbeit gezüchtet, erhielt schließlich den Namen Mother-of-Pearl-Gruppe. Die seidenpapierartigen Blüten kommen ungefüllt oder gefüllt und in zahlreichen Farbtönen vor, von Reinweiß mit dünnem scharlachrotem Rand bis Grau-Purpurviolett, mit haarfeinen roten Adern durchzogen. Als Hintergrund dienen die rasch aufsteigenden, dunklen Stängel von *Verbena bonariensis*. Daneben die niedrigen Büsche von *Lavandula stoechas* mit dunkelvioletten, samtigen Blütenköpfen, aufgelockert durch die aufstrebenden Stängel von *Nepeta tuberosa*; deren lang gezogene Blütenknospen bis zu 60 cm die Farbe der kugelförmigen Fruchtstände von *Allium karataviense* aufgreifen. Die bootförmigen Blätter welken und werden bereits trocken, aber die unreifen Samenkapseln wirken voll und hübsch mit ihrem sanften Mauve, etwa 12 cm hoch und mit 7–10 cm Durchmesser. Großartig wirkt *A. christophii*, ein etwa 60 cm hoch werdender Zierlauch mit Kugeln aus metallisch glänzenden Blütensternen; sie steigen zwischen dem graublauen Laub von *Euphorbia pithyusa* auf, das auch vor der Entfaltung der Hochblätter bereits ins Auge fällt.

Im Weitergehen, getrennt durch die ausladenden chrysanthemenartigen Blätter von *Artemisia stelleriana*, folgt *Osteospermum jucundum*, ein echter Son-

Seite 64/65:
Agapanthus-Pflanzen gedeihen in diesem gut dränierten, unfruchtbaren Boden. Sie verleihen wichtige Farbe und Form während der vielfach trockenen Tage im August. Hier, *Agapanthus* 'Isis' ist von den silbrig-weißen, samtigen Pompons von *Stachys byzantina* 'Cotton Boll' sowie einem Meerlavendel, *Limonium platyphyllum* 'Violetta' umgeben. Die Lavendel- und Blautöne werden von einer Kulisse von *Verbena bonariensis* aufgegriffen.

nenanbeter mit hell mauve-rosavioletten, unterseits bronzefarbenen Margeritenblüten. Eine kleine hübsche Neuheit, *Diascia* 'Lilac Belle' × *anastrepta*, kommt mit ihren altrosafarbenen Blüten mit dunkler Mitte sehr gut im Vordergrund von *Papaver rhoeas* Mother-of-Pearl-Gruppe zur Geltung. Wir werden erst mit der Zeit herausfinden, wie viel Frost sie verträgt. Verhält sie sich wie die anderen Vertreter der Gattung, müsste sie den ganzen ihr zugewiesenen Flecken Kies einnehmen und bis weit in den Spätsommer hinein blühen.

Eine Erweiterung des Lichtnelken-Sortiments ist *Lychnis* × *walkeri* 'Abbotswood Rose', mit kaum 60 cm Höhe farblich etwas heller als die Ausgangsart, aber noch immer intensiv leuchtend. Die grauen, aufsteigenden Stängel von *Artemisia ludoviciana* bilden zusammen mit dem beißend grellen Grün von *Euphorbia stricta* einen wirkungsvollen Hintergrund. Darum herum legt sich, den Boden gut abdeckend, *Calamintha grandiflora*, deren kleine, gelippte rosaviolette Röhrenblüten kurz vor dem Aufblühen stehen.

Kleine Storchschnabel-Arten (*Geranium*) eignen sich bestens als Randpflanzen: *Geranium cinereum* 'Ballerina' bildet zierliche kompakte Horste aus runden, gerüschten, grünen Blättern. Die dünnen Stängel tragen ausdauernd blühende, 3 cm große Blüten, die auffallend geadert und gefleckt sind und wie purpurrosafarbene Spitze wirken. *Geranium subcaulescens* ist im Habitus ähnlich; die wie Edelsteine leuchtenden Blüten zeigen über einem lebhaften rosafarbenen Grund vereinzelt dunkle Adern, die zu einem kleinen schwarzen Auge führen. Jungpflanzen von *Thymus doerfleri*, die sich mit ihren kriechenden, in wollige Blätter gehüllten Trieben über den Weg ergießen, werden im kommenden Frühsommer runde Köpfchen mit rosavioletten Blütchen tragen. In der Zwischenzeit hat *Phuopsis stylosa* über mehrere Wochen mit Teppichen aus lockeren Trieben aufgetrumpft, die an der Spitze, gleich runden Nadelkissen, mit winzigen, sternförmigen, rosafarbenen Blüten und stark hervortretenden langen Staubfäden besetzt sind. Diese ungemein anspruchslose und farbenprächtige Pflanze muss allerdings in Zaum gehalten und nach der Blüte zurückgeschnitten werden, denn nur so lässt sich verhindern, dass sie alles, was weniger wüchsig ist, überwuchert.

Helianthemum 'Annabel' bildet Trauben rosavioletter Blüten, die künstlich wie Krepppapier-Blumen wirken; die dunkle Basis jedes Kronblatts verleiht den pomponförmigen Blüten eine schattenartige Tiefe. Sie wiegen sich vor dem kühlen Grau der austreibenden Blütenkerzen von *Stachys byzantina* 'Cotton Boll', deren samtiger Laubteppich die aufsteigenden Stängel der Königs-Lilien schützt.

Lavandula pedunculata subsp. *pedunculata* 'James Compton' ist eine sehr hübsche Sorte. Sie wird insgesamt höher (um 60 cm); ihre dichten, dunklen Köpfe tragen länglich-schmale, gewellte Petalen in einem hellen Lila bis Rosa, also eher mauvefarben – bedauerlicherweise ein wenig verbreiteter Ton, denn sie leuchtet bezaubernd, wenn die tief stehende Nachmittagssonne hindurchscheint. Beeindruckend vertikal erhebt sich dahinter eine Gruppe *Phlomis tuberosa* 'Amazone'. Die kräftigen, 120–150 cm hohen Stängel, die ohne Stütze auskommen, sind mit gegenständigen, dunkelgrünen, spitz zulaufenden Blättern besetzt, die, aufsteigend, kleiner werden. Die Stängel sind dunkelpurpurn getönt, und jedes Nodium trägt im Frühsommer über Wochen einen Quirl aus blasslila gelippten Röhrenblüten. Diese wunderschöne Pflanze bildet zwischen niedrigen Horsten von *Ballota*, purpurlaubigem Salbei oder den verschiedenen *Santolina*-Arten einen unschätzbaren Akzent. Der mehrjährige purpurlaubige Fenchel ragt weiter vorn im Beet auf und scheint nur darauf zu warten, dass ihn die *Clematis viticella* 'Ètoile Violette' umrankt, unterwegs von ihrem ersten Gastgeber, der hübschen rosa-violetten *Rosa spinosissima* 'Falkland' zu den wolligen Ähren von *Perovskia* 'Blue Spire'. Um aber auf James Comptons *Lavandula pedunculata* subsp. *pedunculata* zurückzukommen, so gewinnt dieser Schopf-Lavendel, kombiniert mit dem gelben Laub von *Salvia officinalis* 'Kew Gold' und *Caryopteris* × *clandonensis* 'Worcester Gold' auf der anderen Seite, sowohl an Ruhe als auch an Präsenz. Die purpurvioletten Kugelköpfe von *Allium hollandicum* 'Purple Sensation' machen sich gut zwischen den matten, samtigen Blättern von *Salvia officinalis* der Purpurascens-Gruppe.

Cistus 'Peggy Sammons' zeigt einen besonders grazilen, eleganten Wuchs, leichtfilzige, duftende Blätter und eine Fülle zartrosafarbener, rosenförmiger Blüten. Hinsichtlich seiner Winterhärte habe ich allerdings Bedenken. Aber er erreicht bereits innerhalb eines Jahres in Höhe und Breite 90–120 cm, sodass man bedenkenlos Stecklinge schneiden und neu pflanzen kann. Sehr schön macht sich die Zistrose zusammen mit *Ballota*, die inzwischen ihren Höhepunkt erreicht hat – über und über mit Quirlen zarter mausgrau-grüner, schalenförmiger Blätter besetzt, die an zierliche Zifferblätter erinnernde winzige Blütchen enthalten. Die Harmonie kräftiger Farben setzt sich mit den Ähren von *Gladiolus communis* subsp. *byzantinus* und einem ungewöhnlichen Salbei, *Salvia nemorosa* subsp. *tesquicola*, fort; seine schlanken Trauben violettroter Brakteen geben kleine enzianblaue Lippenblüten frei. Die farbenprächtigen Hochblätter wirken noch lange, nachdem die Blüten Samen angesetzt haben, attraktiv. Zu ihren Füßen schickt *Sedum* 'Ruby Glow' purpurne, fleischige Triebe in den Kiesweg, dazwischen immer wieder *Allium unifolium*. Wie Pailletten wirken die winzigen, leuchtend rosaroten Blüten von *Dianthus deltoides*; sie bilden bald Matten und ergeben in Größe und Farbe einen wirkungsvollen Kontrast zu dem Rosa und Purpurviolett der übrigen Pflanzen.

SELBSTVERSAMER

In einem der Inselbeete hat sich in dieser Jahreszeit eine Mischung aus Blau und Mauve, Gelb und Weiß entwickelt. Ich sage „entwickelt", denn manche Pflanzen haben sich hier selbst ausgesamt oder sind gar von weit her eingewandert, wie die limonengelbe Waldrebe *Clematis tibetana* subsp. *vernayi*. Sie hat sich zwischen einem breiten Streifen *Bergenia* 'Rosi Klose' angesiedelt, wo sich ihre Ranken wie ein Netz über die großen, kompakt wirkenden glatten Blätter breiten, die da und dort als Begrenzung dienen oder zwischen den unzähligen kleinen Blättern einen ruhenden Pol für Auge und Gemüt darstellen.

Wenn sich eine *Clematis* wie diese in Bodenhöhe über andere Pflanzen zieht, sollte ihr Weg aufmerksam verfolgt und die Triebe gezielt dahin geleitet werden, wo man sie haben möchte, anstatt untätig abzuwarten, bis sie so sehr ineinander verhakt sind, dass sie sich wie ein von einer Katze zugerichteter Wollknäuel kaum mehr entwirren lassen.

Das Gelbgrün dieser Waldrebe mit ihren kleinen „Lampenschirmen" wird aufgegriffen durch eine liebenswerte Form des Goldmohns, *Eschscholzia californica*, die mir mein erster Student aus Amerika, Jack Henning, vor mehr als zehn Jahren

Gegenüber:
Oben:
Nepeta tuberosa

Unten links:
Galactites tomentosa

Unten rechts:
Verbena bonariensis

geschickt hat. Sie versamen sich so üppig, dass jedes Jahr eine kleine „Wiese" aus diesen farbenprächtigen Pflanzen entsteht, die von der Sonne ermuntert ihre schalenförmigen Blüten entfalten.

Dazwischen aufgegangen ist eine eigenartige Katzenminze (*Nepeta tuberosa*). Die 60–75 cm hohen, mit graufilzigen Blättern besetzten Stängel sind steif aufgerichtet, verzweigt und tragen große, mit blauen Blüten in dunkelvioletten Kelchen besetzte Ähren. Sie bilden kraftvolle Vertikalen, was unter den vielen Einjährigen an dieser Stelle von unschätzbarem Wert ist.

Im Allgemeinen haben Einjährige kaum eine Chance sich anzusiedeln, wo Stauden und kleine strauchige Pflanzen den Boden bedecken, aber hier, auf diesem extrem mageren, direkt nach Süden gelegenen Flecken, der ausschließlich aus Kies und Sand besteht, hat die über Wochen anhaltende Trockenheit bis auf die allerzähesten alles hinweggerafft. Ich freue mich, dass wenigstens diese Katzenminze überlebt und sich ausgebreitet hat, weiß aber, dass wir sie in einem strengen Winter leicht verlieren könnten.

Eine seltsame Einjährige, *Galactites tomentosa*, bildet hier über Wochen einen Blickfang. Es ist eine viel bewunderte Distel, die sich im Frühjahr flach an den Boden presst, sodass die jungen, intensiv silbrigen Blätter, die stark eingeschnitten sind, an Schneeflocken erinnern. Sie entwickelt sich zu einer vielfach verzweigten, noch immer silbrigen Pflanze und trägt zahlreiche blass mauvefarbene, flockige Distelblüten. Wenn wir sie nun herausnehmen, weil sie Samen angesetzt hat, bildet *Verbena bonariensis* mit hohen, drahtigen, vierkantigen Stängeln und verzweigten, leuchtend purpurvioletten Blütenständen die vertikalen Akzente. Sie erheben sich über den Kuppeln von *Santolina*, *Euphorbia pithyusa* und den knackig frischen Horsten von *Sedum* (Herbstfreude-Gruppe) 'Herbstfreude', deren flache Köpfe mit jadegrünen Knospen mich über Wochen freuen werden, bevor sie dann im September blühen.

Den Mittelbereich dieses Beetes füllt, am Fuß eines jungen Aetna-Ginsters (*Genista aetnensis*), *Tanacetum niveum*, das wie eine prächtige Form des Mutterkrauts aussieht. Jahr für Jahr erscheinen die steifen, halbverholzten Stängel mit den vielfach eingeschnittenen Blättern, die den ganzen Juni bis in den Juli hinein ein Meer kleiner weißer Margeritenblüten entfalten. Im Hintergrund finden sich aber auch *Yucca recurvifolia* (unmittelbar vor dem Erblühen) und selbst ausgesamte Eselsdisteln (*Onopordum*), im Vordergrund eine Gruppe *Euphorbia seguieriana*, die sich hier ungehindert aussäen durfte. Dieser schlichte, aber wirkungsvolle Abschnitt geht in einen vielseitiger gestalteten Bereich über, in dem *Triteleia* (*Brodiaea*) *laxa*, eine entzückende Zwiebelpflanze aus den Prärien Amerikas, mit aufrechten Glocken in lockeren Dolden einen tiefblauen See bildet, vor den sich wie ein Schleier das hier aufgegangene *Bupleurum* schiebt, während die hohen Trauben von *Gaura lindheimeri* mit verwaschen blassrosafarbenen Knospen und weißen Blüten wie Motten darüber schweben, und die Thymiane darunter ihre Teppiche bis in den Kiesweg hinein ausrollen. Die Madonnen-Lilien (*Lilium candidum*) haben sich mehrere Jahre „überlegt", ob sie leben oder eingehen wollen, aber in diesem Sommer freuen sie mich. Nicht nur ein einzelner kümmerlicher Stiel, sondern ein ganzer Horst mit makellos schönen Blüten hat sich aus der einen Bulbe entfaltet, nur das Laub haben sie verloren. Ich habe mir sagen lassen, dass sie aus

Samen gezogen weniger anfällig für Viruserkrankungen sein sollen. Nachdem wir diesen Sommer 125 mm Regen hatten, dürfen wir hoffen, von den gut genährten Pflanzen Samen zu gewinnen. Die frühen Euphorbien verlieren im Lauf der Samenbildung ihre Farbe, aber *Euphorbia corallioides* bereitet sich auf ihren Auftritt vor, um auch weiterhin, wo immer es fehlt, dieses zauberhaft frühlingsfrische Lindgrün der ausladenden breiten Blütenstände einzubringen, zumal sich die überall verstreuten Sämlinge in der kleinsten Lücke einnisten. Unerwünschte Sämlinge sind leicht erkennbar und lassen sich einfach ausreißen, wenn sie Wichtigeres unterdrücken.

Im Herbst haben wir Samen von der einjährigen *Omphalodes linifolia* an den scheinbar kahlen Stellen verstreut. Nun stehen sie in Blüte und schäumen wie eine sich brechende Woge am Rand der Kieswege auf. Jede Pflanze bildet einen hübschen kleinen Busch von etwa 30 cm Höhe, der über und über mit schmalen graublauen Blättern und unzähligen sternförmigen, weißen Blüten besetzt ist. In der einen Gruppe nehmen sie das Weiß von *Anthemis punctata* subsp. *cupaniana* und *Helianthemum* 'Wisley White' auf, und mit den 2 m hoch aufragenden Sträußen des Meerkohls, *Crambe cordifolia*, wiederholt sich der gleiche Farbklang im Hintergrund. Dieses vorwiegend weiße Bild wird durch das helle Purpurviolett von *Lavandula pedunculata* subsp. *pedunculata* 'James Compton' unterbrochen und erneut durch *Allium hollandicum* aufgegriffen, während *Alstroemeria-ligtu*-Hybriden und Horste von Schlaf-Mohn warten, bis sie an der Reihe sind.

Im Lauf des Sommers müssen einige dieser von selbst ausgesäten Pflanzen entfernt werden. Manche hätten zwar schon früher herausgenommen werden sollen, aber oft lassen sie sich leichter ausreißen, wenn man sie fassen kann; oder man entscheidet sich, sie doch stehen zu lassen. Es zeigt sich bald, wo zu viele sind, vor allem wenn, wie in dieser Saison, 100 mm Regen fallen und ein ungewöhnlich üppiges Wachstum einsetzt.

Die Sonnenröschen (*Helianthemum*) wirken morgens in der Regel am schönsten, besonders bei strahlendem Sonnenschein. Die einzelne Blüte hält sich, wie die der Zistrosen, nur einen Tag. Dafür erscheinen aber Unmengen von Knospen, sodass das Farbenspiel über Wochen währt. Es gibt zahlreiche benannte einfach- und gefülltblühende Sorten. Obwohl ich eine Vorliebe für die einfachblühenden habe, konnte ich dem Zauber einer rosa und einer gelben gefüllten Sorte nicht widerstehen. 'Rhodanthe Carneum' (syn. 'Wisley Pink') ist zu Recht eine sehr beliebte Züchtung, die über und über mit rosaroten Blüten mit rötlich überhauchter gelber Mitte übersät ist. Unmittelbar nach der Blüte zurückgeschnitten wachsen die Pflanzen rasch wieder zu schönen Horsten heran, indem sie sich gleichsam zusammenschließen und den Boden bedecken. Die weiß blühende Jungfer im Grünen *Nigella damascena* 'Jekyll Alba' hat sich zwischen ihnen ausgesamt, ebenso *Allium schoenoprasum* 'Forescate', eine reizende Form des essbaren Schnittlauchs, aber rosarot, nicht mauvefarben. All dies findet sich in einem Bereich, der Ende Februar noch vom Blau von *Scilla* und *Ipheion* überzogen war. Eine von selbst aufgegangene Akelei in einem ganz zarten Muschelrosa scheint sich keck über dieser Gruppe zu erheben, als ob sie sagen wollte, „Wag es nur!" – wohl wissend, dass ich sie irgendwann ausreißen werde, denn meiner Ansicht nach gehören Akeleien an kühlere Standorte. Aber es gibt noch eine Gnadenfrist bis nach der Blüte.

RAUM FÜR GIGANTEN

In der großen Rabatte ganz am Ende des Gartens, in Richtung des breiten rustikalen Holztors, beherrscht ab Anfang Juni eine Kombination aus Gelb, Blau und Weiß das Bild. *Achillea* 'Moonshine' und *A.* 'Taygetea' fallen durch ihre strahlend frische Farbe auf, die in wirkungsvollem Kontrast zu dem gedämpften Blau von *Nepeta* 'Six Hills Giant' steht. Da die Rabatte aber 10 m breit ist, bietet sie reichlich Raum für sehr große Pflanzen.

Neben *Cistus* × *cyprius*, *Abutilon vitifolium*, *Lavatera* × *clementii* 'Bredon Springs' ragen verschiedene Eucalyptus-Sträucher über der geschnittenen Hecke auf, um die horizontale Linie zu brechen. Zusammen mit riesigen Kräutern und Gräsern bilden Eselsdisteln (*Onopordum*) beeindruckend gezackte Konturen; zu ihnen gesellen sich Königskerzen mit ihren weicheren, wollig umhüllten Blütenknospen, die in Büscheln entlang der kandelaberartigen Blütenstängel stehen. Das aus Spanien stammende Pfriemen- oder Federgras, *Stipa gigantea*, das über 1,8 m hoch wird und Horste aus stricknadelartig aufragenden Halmen bildet, fängt mit jeder ihrer bronzefarben glänzenden Grannen die Sonnenstrahlen ein. Eine selektierte Form der Kardone, *Cynara cardunculus*, die ich um ihrer feingefiederten silbergrauen Blätter willen ausgesucht habe, ist bereits 1,8 m hoch und bildet einen majestätischen Kontrast zu den vielen kleinblättrigen Pflanzen rundum. Dicht daneben, aber keineswegs verschüchtert, erhebt sich eine weitere beeindruckende Pflanze, *Crambe cordifolia*, mit riesigen Rispen weißer, nach Honig duftender Blüten; fast verbergen sie jene gelbe Baum-Lupine, die inzwischen schon am Verblühen ist, im Mai aber diesen Teil des Gartens mit Licht erfüllte. Beinahe am vorderen Rand der Rabatte erhebt sich ein anderer Meerkohl, *Crambe koktebelica*. Ich schätze diese reizvolle Pflanze sehr, zumal sie mit 1–2 m Höhe weniger als halb so groß wird und damit nicht annähernd so viel Raum beansprucht. Sie hat tief eingeschnittene Blätter und große schleierkrautähnliche Blütenstände mit weißen Blüten (sie entfalten sich, wenn *C. cordifolia* am Verblühen ist). Nach ihrer Darbietung wird sie zurückgeschnitten, und späte Zwiebelpflanzen wie *Galtonia* übernehmen ihren Platz.

Die gelben Formen der *Eremurus* × *isabellinus* Shelford-Hybriden stehen hoch und schlank wie Altarkerzen über dieser Vielfalt an Strukturen und Farben. Aber *Eremurus himalaicus* ist die erste der Steppenkerzen, die mit ihren riesigen zylindrischen Trauben reinweißer Blüten dramatische Vertikalen bildet; umrisshaft zeichnen sie sich vor der gestutzten × *Cuprocyparis-leylandii*-Hecke ab. *Eremurus robustus* bringt wenig später rosarote Blüten ein. Beide können 1,5–2,5 m hoch werden. Diese Liliengewächse stammen aus den heißen und trockenen Regionen des Himalajagebirges und Turkestans und sind nicht zuverlässig winterhart in Gegenden, wo Spätfröste ihr sattes, junges Laub vernichten können und auf diese Weise die kräftigen Wurzeln schwächen, die erforderlich sind, um einem derart spektakulären Blütenstand den nötigen Halt zu gewähren. Im hinteren oder mittleren Bereich der Rabatten werden die Lücken, die die Blätter der Steppenkerzen nach dem Einziehen hinterlassen, durch Nachbarpflanzen, deren Auftritt noch bevorsteht, kaschiert. Es wäre unfair, *Ornithogalum pyrenaicum*, eine bescheidene, aber in Gruppen gepflanzt charaktervolle Zwiebelpflanze zu übergehen. Auf kahlen, 90 cm hohen Stängeln stehen in schlanken Trauben sternförmige blassgrüne Blüten mit sechs Blütenblättern. Sie bringen zwischen die vielen noch kaum erkennbaren Pflanzen darunter eine sonderbare Zartheit, wenn sie nach Wochen geduldigen Wartens schließlich ins Rampenlicht treten.

BÄUME UND STRÄUCHER IM HINTERGRUND

Obwohl die sorgfältig ausgewählten Bäume und Sträucher (s. Seite 182–183), die den Hintergrund und die dauerhafte „Möblierung" des Kiesgartens darstellen, in den letzten sieben Sommern durch Trockenperioden zeitweise stark strapaziert wurden, zeigt sich plötzlich, dass sie an Umfang und Höhe zugelegt haben und wie die welligen Konturen einer Landschaft wirken, insbesondere in den breiteren Rabatten, die stellenweise bis zu 10 m messen.

Die Schönmalve *Abutilon vitifolium* 'Album' ist mit 5 m Höhe und 3 m Breite beinahe so hoch wie die Hecke aus Leylandzypressen, die ihr Schutz vor den Windböen im Winter bietet; die in großer Fülle erscheinenden, schalenförmigen, kalkweißen Blüten zittern wie Schmetterlingsflügel und kommen vor dem satten Grün der spitz zulaufenden, weinrebenartigen Blätter sehr schön zur Geltung. Jeder endständige Trieb dieses großen Strauchs trägt große, büschelartige Knospen, manche rund und fest, andere länglich wie zusammengefaltete Schirme, die schließlich aufspringen und fünf leicht zerknitterte Kronblätter entfalten; durch eine kleine Kuppel aus Staubblättern zusammengehalten, sehen sie wie riesige ungefüllte Rosen aus. Daneben ein bleistiftschlanker Wacholder, *Juniperus scopulorum* 'Skyrocket', der noch nicht ganz so hoch ist, dass er die Spitze des Dreiecks aus *Abutilon*, dunkelgrün belaubtem *Cistus ladanifer* und Binsenginster (*Spartium junceum*) bilden könnte; es sind ausnahmslos Gehölze mit angemessen fülligem Wuchs, während mit den herrlich gezackten silbergrauen Blättern und den edlen Blütenstängeln der Kardone, *Cynara cardunculus*, in Textur und Ton ein ganz anderes Element ins Spiel kommt. Dieses setzt sich mit den hellen Grautönen von *Brachyglottis* (Dunedin-Gruppe) 'Sunshine', den grauen und grünen Formen des Heiligenkrauts, *Santolina chamaecyparissus* und *S. rosmarinifolia*, bis in den Mittelbereich der Rabatte fort; letztere haben sich wieder erholt und frisch ausgetrieben, nachdem sie im späten Winter so struppig wirkten, dass ich dachte, wir müssten sie ersetzen. Wir sind dann aber einfach nicht dazu gekommen.

Staunend halte ich oft den Atem an, wenn ich an einem lauen Sommermorgen unter dem riesigen weiß blühenden *Abutilon* stehe, wohl wissend, wie vergänglich dieses frische und makellose Bild in meinem Garten sein kann, angesichts der Gefahr von strengem Frost und Trockenheit. An anderer Stelle im Kiesgarten ist eine Schönmalve schon an Wassermangel eingegangen. Diese hier hat drei schwierige Sommer überstanden, ist aber, fürchte ich, inzwischen zu groß, um ohne Bewässerung durchzukommen, wenn wie gewöhnlich Trockenheit und Hitze wochenlang andauern. Nach dem Verblühen (oder auch früher, falls erforderlich) werden wir sie stark zurückscheiden und die füllige Krone um mindestens ein Drittel reduzieren, um sie etwas zu entlasten.

Wesentlich kleiner ist (bis jetzt) *Abutilon* × *suntense*, in etwa 4 m Abstand von den Wurzeln der Hecke entfernt platziert. Obwohl insgesamt zierlicher (inzwischen etwa 1,5 m breit und hoch), ist die Wirkung nicht weniger dramatisch, wenn die Pflanze über und über mit Büscheln nickender violettblauer Blüten bedeckt ist;

diese sind mit einem zarten Rosa überhaucht, das sich wie eine Lasur über die haarfeinen Adern zieht, wobei der violette Grundton an den Rändern der gewellten Kronblätter intensiver wirkt und zur Mitte hin verblasst. Daneben behaupten sich die rosaroten Blüten von *Cistus × purpureus*, und unweit davon eine rosablühende *Lavatera*, deren Knospen noch fest eingerollt sind. Bald schon wird sie uns über Wochen mit ihren langen, anmutigen Blütentrieben erfreuen. Unterstrichen wird die Wirkung dieser Gruppe durch zwei schöne Vertikalen, die den Blick schon jetzt über die Horste von *Santolina* und *Ballota* hinauslenken: Es sind das Federgras, *Stipa gigantea*, das bereits einen goldenen Schleier bildet, und die Eselsdistel, *Onopordum acanthium*; sie ist zwar mit bösartigen Stacheln bewehrt, wirkt als Kontrast aber einfach überwältigend mit ihren ausladenden, tief eingeschnittenen Blättern.

PROBLEME MIT KONIFEREN

Vor etwa 35 Jahren pflanzten wir die Hecke aus × *Cuprocyparis leylandii*, die ein wesentliches Element des Kiesgartens bildet. Sie ist ungefähr 300 m lang und erstreckt sich über die gesamte Länge des Parkplatzes und der Mutterbeete unserer Gärtnerei. Aber nicht nur als Hintergrund ist sie von unschätzbarem Wert, sondern auch als Schutz gegen den Wind, der aus Russland kommend über Ostanglien fegt und im Winter besonders kalt ist. (Ich weise manchmal jedoch darauf hin, dass der Kiesgarten nur teilweise durch die Hecke geschützt wird und dass man in dem „ausgetrockneten Flussbett“, dem zentralen gewundenen Kiesweg, der sich genau von Norden nach Süden zieht, in einem Windkanal steht.)

Bald nachdem wir mit der Gestaltung des Kiesgarten begonnen hatten – es war nachdem außergewöhnlich heißen und trockenen Sommer des Jahres 1995 –, wurden wir auf rostbraune Flecken aufmerksam, die sich da und dort in der Hecke zeigten. Im darauffolgenden Jahr waren sie so groß, dass bei uns die Alarmglocken schrillten. Aus dem Rostbraun war ein staubiges Braun geworden. Wenn man mit der Hand darüberstrich, fielen die toten Nadeln ab, und zum Vorschein kamen die kahlen Zweige.

Die Bäume waren ehemals im Abstand von 1,25 m gesetzt worden. An manchen Stellen starb die ganze Pflanze von oben bis unten ab. Bemerkenswert aber war, dass die benachbarten, nicht befallenen Bäume über den toten Lücken kräftige junge Triebe ausbildeten. Als es Zeit war für den jährlichen Heckenschnitt, fragte ich mich, ob es wohl möglich wäre, die neuen, etwa 30 cm langen Triebe, anstatt zu schneiden, einzubinden und so zu erziehen, dass sie über die toten Bereiche wachsen würden. Zugegeben, eine Aufgabe, die dem Ausschöpfen eines Teiches mit dem Teelöffel glich; aber Keith Page, hauptverantwortlich für die Technik in unserem Betrieb, machte sich unverzüglich daran, die Triebe mit kurzen Stücken nicht einschneidender Hanfschnur möglichst nach oben, wo nötig auch horizontal, aber nicht nach unten aufzubinden. Mit dem Heckenschnitt ist es ganz ähnlich wie mit dem Rasenmähen: Man neigt immer dazu, es so gründlich zu machen, dass man zu kurz schneidet – in beiden Fällen ein Fehler, besonders wenn es heiß und trocken ist. Deshalb schneiden wir eher moderat, meist in der ersten Juliwoche. Mit den Jahren haben sich viele der Lücken durch dieses Einbinden der jungen Triebe, die sich zu kräftigen horizontalen Zweigen entwickelt

haben, geschlossen. Aber wir machten uns weiter Sorgen, weil nur wenige Koniferen (Eiben und Sumpfzypressen ausgenommen) aus kahlem Holz neu austreiben. Sollten wir die ganze Hecke verlieren?

Was war die Ursache?

Die trockenen Sommer?

Ich wandte mich an Dr. Chris Prior von der Royal Horticultural Society (RHS), der als Ursache des Problems eine Pilzinfektion (*Coryneum*) und zudem einen Befall durch Koniferenblattläuse der Gattung *Cinara* vermutete. Beides war wohl die Folge eines massiven Wassermangels. Also spritzten wir mit Pflanzenschutzmitteln, einem Insektizid und einem Fungizid, und verabreichten außerdem einen Blattdünger.

Zunächst wurden unsere Bemühungen belohnt und die Koniferen erholten sich wieder, doch im Sommer 1998 traten plötzlich erneut rostbraune Flecken auf. Wir erfuhren aus einem Informationsblatt der RHS, dass dieses Problem auf die Wacholder-Blattlaus (*Cinara fresai*) zurückzuführen ist, die sich aus Nordamerika kommend nun über die Gärten ganz Südenglands verbreitete.

Wir spritzten im Sommer 1999 gründlicher und systematischer, mit besser geeigneten Geräten, zu den richtigen Zeitpunkten und mit verbesserter Technik, so dass das Pflanzenschutzmittel auch bis ins Innere der Hecke gelangen konnte.

Und wir wissen nun auch, dass wir zudem sorgfältig nach Spuren von Blattläusen Ausschau halten müssen, indem wir die Hecke auseinanderziehen.

Bleibt nur zu hoffen, dass wir die Blattläuse durch effizientere Insektizide und moderate Schnittmaßnahmen eindämmen können.

Oben:
Hedera helix 'Glacier'

Unten:
Junge wuchsfreudige Triebe vor der toten Wand der Hecke aufgebunden.

Gegenüber:
Ein Prinzip unserer Bepflanzung ist, vagabundierende Pflanzen zwischen sesshaften Nachbarn wie *Ballota* oder *Santolina* wachsen zu lassen. *Euphorbia characias* und Jungfer im Grünen (*Nigella damascena*) müssen in Zaum gehalten werden, damit sie nicht zu stark wuchern. Im Vordergrund ein ausgezeichneter Thymian, *Thymus longicaulis*.

Gegenüber:
Oben links:
Allium christophii

Oben rechts:
Nectaroscordum siculum

Unten links:
Allium nigrum

Unten rechts:
Allium sphaerocephalon

ELEGANTE ALLIUM

Wochenlang, vom Spätfrühling bis zum Spätsommer, prägen die verschiedenen Zierlaucharten das Bild des Kiesgartens. Ursprünglich in kleinen Gruppen aus einzelnen Zwiebeln gepflanzt, haben sie sich durch Teilung oder Samen derart vermehrt, dass sie ganz natürlich wirkende Kolonien bilden, wobei die großen hoch auf nackten Stängeln stehen und die kleineren mit ihren runden Köpfen, so groß wie Golf- oder Tennisbälle, durch die bodendeckenden Pflanzen brechen, wie etwa *Allium karataviense* und *A. oreophilum*. *A. hollandicum* bildet eine kompakte Kugel in unterschiedlichen Abstufungen von Purpurviolett, über nahezu lavendelfarben bis hin zu einem fast schwarzen Purpurviolett. Alle stoßen mit ihren hohen Stängeln durch Horste purpurlaubigen Salbeis und verstecken Ende Mai ihre bereits welkenden Blätter hinter Büschen von *Sedum* 'Matrona', gazeartiger Katzenminze und den samtigen Teppichen von *Stachys byzantina*, deren Blätter, Stängel und Knospen wollig weiß sind. Eine stattliche Königskerze, *Verbascum bombyciferum*, steht am Wegrand und wirkt mit ihrer skulpturalen Gestalt und der blassen Farbe wie ein Ausrufezeichen – ein ruhender Pol innerhalb einer Fülle von Einzelpflänzchen.

Kolonien von *Nectaroscordum siculum* subsp. *bulgaricum* (unserem früheren *Allium bulgaricum*) erreichen Ende Mai ihren Höhepunkt. Die eleganten glockenförmigen Blüten an den kräftigen, schlanken Stielen halten sich gesenkt, bis die Bienen sie befruchtet haben; erst dann richten sie sich auf zu einem Büschel von Samenkapseln, die an die Türmchen eines Märchenschlosses erinnern. Sie vermehren sich bereitwillig, sodass sich bald schon Dutzende von Stielen im sanften Wind wiegen. Die Farbe lässt sich kaum beschreiben.

Bei *Nectaroscordum siculum* ist die Basis cremeweiß wie Alabaster und pflaumenviolett überlaufen, was von weitem wie ein eigenartig schönes, bräunliches Altrosa wirkt. Bei *N. siculum* subsp. *bulgaricum* ist der Violett-Ton weniger ausgeprägt. Die grünen, cremefarben gefleckten Blüten sind abwechselnd pflaumenviolett, cremeweiß oder grün gestreift und wirken insgesamt blasser. Ob als Einzelgänger, der irgendwo aus Samen aufgegangen ist oder in größeren Gruppen zwischen duldsamen Nachbarn – immer bieten sie ein unvergesslich würdevolles und anmutig schönes Bild. Man darf allerdings nicht versäumen, die Fruchtstände zu entfernen, bevor die Samen herausfallen (nachdem ihnen genügend Zeit blieb, sie gebührend zur Geltung zu bringen). *Allium unifolium* wird etwa 25 cm hoch und trägt aufwärts gerichtete Dolden aus sternförmigen Blüten in leuchtendem Cyclamenrosa. Es vermehrt sich rasch und bildet nun einen hellen Farbfleck inmitten eines zinnfarbenen Laubteppichs von *Acaena saccaticupula* 'Blue Haze', einer bescheidenen Pflanze mit kugeligen Blütenköpfen, die nur durch ihre große Zahl auffallen. In ihrem eigenartigen Braun auf dünnen braunen Stängeln wirken sie unter den leuchtenden *Allium* unerwartet dunkel – wie ein Schatten, der sich zwischen den hellen Steinen des Kieswegs hinzieht.

Ein Freudenschauer durchfährt mich, wenn ich sehe, wie inzwischen die Sämlinge von *Allium christophii* blühen, deren Eltern wir vor sechs Jahren pflanzten. Es dauert mehrere Jahre, bis eine Zwiebel dieser *Allium*-Art blühfähig wird, ganz anders als bei den in der Küche verwendeten *Allium*, wie Speisezwiebeln oder Schnittlauch. In einem meiner Inselbeete habe ich über dreißig Blütenköpfe von

Seite 78/79:
Kaum je wirkt der Kiesgarten aufregender, als wenn die *Allium* die Bühne betreten. *Allium hollandicum* (syn. *A. aflatunense*) kommt in unterschiedlichen Violett-Tönen vor, am dunkelsten ist die Sorte *A. h.* 'Purple Sensation'. Die grell gelb leuchtenden Blüten von *Genista lydia* und das kühle gelbe Laub von *Caryopteris × clandonensis* 'Worcester Gold' bilden dazu einen lebhaften Kontrast, während die samtig purpurvioletten Schattierungen von *Salvia officinalis* der Purpurascens-Gruppe die Farben der dunkelsten Zierlaucharten ergänzen.

Links:
Das Bild zeigt zwei verschiedene *Nectaroscordum*: *N. siculum* mit durchscheinenden Glocken, die weinrot und grün gefleckt sind, und *N. s.* subsp. *bulgaricum* mit cremefarbenen Blüten und zarten Schattierungen in Grün und Rosa. Mir gefällt die Wirkung der vielen glatten, unbelaubten Stängel, zu denen im Vordergrund noch über einem Teppich aus *Stachys byzantina* 'Cotton Boll' jene von *Allium nigrum* kommen.

Allium christophii gezählt, die zwischen und über dem hübschen blauen Südfranzösischen Lein, *Linum narbonense*, stehen.

Der Boden darunter ist mit dunklen Sämlingen von *Euphorbia dulcis* 'Chameleon' und der purpurvioletten, fleischigen Fetthenne *Sedum telephium* subsp. *maximum* 'Atropurpureum' übersät. *Verbena bonariensis* (groß) und *Verbena rigida*, beide bald schon mit leuchtend purpurvioletten Blüten, wachsen zusehends zwischen ihnen hoch und werden der Gruppe Farbe verleihen, wenn die ausgebleichten Fruchtstände der *Allium* auch weiterhin dekorativ wirken. Hier pflanzten David Ward und ich im Frühjahr *Iris* 'Black Swan' zwischen diese Gruppe. Und obwohl die Iris diesen Sommer lediglich einen einzigen Stängel je Pflanze hervorbrachte, wirken der dunkle samtige Farbton und die kontrastierende Form der Blüten schon jetzt ungemein aufregend.

Nicht im Klaren bin ich mir über *Allium nigrum*. Warum „*nigrum*"? Der Name soll angeblich daher rühren, dass manche Bestände schwarze Ovarien haben. Meine haben grüne Fruchtknoten und bringen flache Blütenstände mit weißen Blüten hervor, von denen jedes Einzelblütchen mit einem grünen Auge festgesteckt ist. Dieses *Allium* bildet üppige Zwiebelhorste, sodass im Mai vor einem dunklen Hintergrund zahllose Stängel mit Blüten in unterschiedlicher Höhe erscheinen. Heute erfüllt mich der Anblick mit Bewunderung. Aber diese Zwiebel ist fast zu eifrig; von Zeit zu Zeit muss sie eingedämmt, jedenfalls dort ausgegraben und beseitigt werden, wo ihre üppigen Blätter im Frühjahr die Nachbarpflanzen bedrängen. Dennoch können die Blütenköpfe sehr wirkungsvoll sein, beispielsweise, wenn ihre kräftigen grünen Stängel in Gruppen vor den hübschen, bis oben belaubten Vertikalen von *Phlomis tuberosa* 'Amazone' stehen.

Da die Blätter der meisten Zierlaucharten störend wirken können, setzt man *Allium* am besten zwischen oder hinter starkwüchsige Pflanzen – *Euphorbia characias* subsp. *wulfenii*, Formen von *Salvia officinalis*, *Santolina*, *Ballota*, Lavendel oder in den locker wachsenden *Cistus* 'Peggy Sammons' –, die ihr absterbendes Laub kaschieren.

Wenn man nicht Acht gibt, kann es passieren, dass man das Laub von *Allium sphaerocephalon* mit Gras verwechselt und ausreißt. Im Spätsommer sind diese unscheinbaren Blätter bereits abgestorben, wenn die pflaumenförmigen burgunderroten Blütenköpfe an 75 cm hohen, dünnen Stängeln erscheinen – eine willkommene Überraschung zwischen silberlaubigen Pflanzen. Ich finde sie am schönsten, wenn man sie aussamen lässt und sie, fast wie in einer Wiese, niedrige bodendeckende Pflanzen durchweben.

DER ZARTE SCHLEIER DES HOCHSOMMERS

Seite 82:
Eine viel bewunderte, winterfeste, einjährige Distel, *Galactites tomentosa*, zusammen mit den kleinen, weißen Blüten der mutterkrautähnlichen *Tanacetum niveum* haben sich in der Umgebung von dauerhafteren Pflanzen ausgesät. Zusammen mit der filigranen Jungfer im Grünen, *Nigella damascena* 'Miss Jekyll White', werden diese einjährigen Pflanzen bald entfernt, um deren übermäßige Aussaat zu verhindern. Eine einzige, selbstausgesäte *Verbascum bombyciferum* kommt zur Blüte und wiederholt ihre Zwillingssenkrechte im Hintergrund.

Obwohl der Kiesgarten, dank wolkenverhangener Tage und kühler Temperaturen noch immer in voller Farbenprachtsteht, zeigt er inzwischen sein „Juli-Gesicht", das, verglichen mit der üppigen Frische des Junis, einen ganz anderen Charakter hat. Alles scheint wie von einem gazeartigen Schleier eingehüllt. Vor einzelne Pflanzen oder Pflanzenbilder schieben sich Schicht um Schicht die Stängel trockenerer, weniger belaubter Pflanzen, die jetzt alle viel höher und härter sind als im Juni.

Im Juni des Jahres 1998 hatten wir das Glück, dass 130 mm Regen fielen, was nach einem trockenen Mai erfrischend und belebend wirkte; es war eine Freude mitanzusehen, wie sich ringsum Gärten und Landschaft erholten. Aber nun, Ende Juli, sind in den letzten vier Wochen kaum 25 mm Regen gefallen. Trotzdem scheinen die Beete überzuquellen von Blüten und Blattwerk. Da ist das helle Gelb von *Achillea* und *Anthemis*, während das im frühen Juni dominierende Lachsrosa von *Diascia* Platz macht für gedämpftere Purpur- und Mauvetöne, zwischen denen da und dort akzentartig die schlanken cremegelben Fackeln von *Kniphofia* 'Little Maid' und die zitronengelbe, ungefüllte Stockmalve *Alcea rugosa* aufsteigen.

Noch immer leuchten zahlreiche Gelbtöne. Gelb ist so erquickend, wenn der Himmel grau und verhangen ist und doch kein Regen fällt. Es wundert mich immer wieder, wie vehement manche Leute Gelb im Garten ablehnen. (Sie tendieren meist zu Blau- und Mauvetönen oder zu modischem Creme und Apricot.) Zugegeben, es gibt grelle Gelbtöne, die ich mir sehr genau ansehe, bevor ich sie einsetze – ja, sogar ablehne, wenn es sich um überzüchtete Formen handelt. Und doch mag es überraschen, dass ich die Farbe Weiß, so schön sie an einzelnen Pflanzen sein kann, schwieriger finde, wenn sie nicht einfühlsam integriert wird. Sie zieht geradezu fordernd die Aufmerksamkeit auf sich, während es so viele Gelbtöne und Schattierungen gibt, die hell aber nicht grell wirken.

Noch immer prägen mehrere große Ginster das Bild des Kiesgartens, wie etwa der duftende Aetna-Ginster, *Genista aetnensis*. Der, den ich vor 35 Jahren gepflanzt habe, scheint intensiver gelbe Blüten zu haben, als die erst sieben Jahre alten Sträucher. Und doch lässt sich kein Unterschied erkennen, wenn man die kleinen Schmetterlingsblüten pflückt und nebeneinanderlegt. Wahrscheinlich handelt es sich um eine optische Täuschung, die daher rührt, dass die jungen Bäume bisher weniger Blüten und mehr frischgrünes Laub hervorbringen. Sie sind inzwischen etwa 3 m hoch und haben schon bogenartig überhängende Zweige mit Fontänen von Blüten. *Spartium junceum* mit größeren, gelben, duftenden Schmetterlingsblüten wächst spitz aufrecht. Ein blasses Gelbgrün zeigen die flachen Schalenblüten der wilden gelben Stockmalve *Alcea rugosa* während mit *Euphorbia seguieriana* subsp. *niciciana* und dem schönen Doldenblütler *Bupleurum falcatum* ein noch intensiver grünes Gelb hinzukommt.

Das leuchtend messinggelbe Laub von *Origanum* 'Norton Gold' eignet sich gut für den Rand einer Rabatte, zumal es die Aufmerksamkeit von den zurückgeschnittenen Horsten von *Euphorbia epithymoides* ablenkt. Man muss diese Pflanze nicht unbedingt zurückschneiden, aber an trockenen Standorten wie hier kann sie von Mehltau entstellt werden. Sobald wir im Juni die Samen gesammelt haben, nehmen wir die befallenen Stängel bis auf Bodenhöhe zurück. Die Pflanzen sehen dann zwar eine ganze Weile entsetzlich aus, aber inzwischen sind die kahlen

Stümpfe mit winzigen neuen Trieben besetzt. In einem Monat oder früher werden sie frisch belaubte Horste gebildet haben, und meist blühen sie auch ein zweites Mal, bis der Frost dem Schauspiel ein Ende setzt.

Weitere zarte Gelbtöne liefern einige Korbblütler. Ich liebe die niedrigen Horste von *Anthemis tinctoria* 'E. C. Buxton' mit Hunderten cremegelber Margeritenblüten, die das fein gefiederte graue Laub beinahe zudecken. Allerdings muss ich eingestehen, dass mein nährstoffarmer, durchlässiger Sandboden die Toleranz dieser geschätzten Pflanze fast überfordert, denn andernorts, in feuchterem Boden blüht sie monatelang.

Das Heiligenkraut (*Santolina*) hat sich zu kräftigen, im unteren Bereich verholzten Büschen entwickelt, deren filigranes, wollig graues Laub nun mit großen knubbeligen, blass- bis intensiv gelben Blütenköpfen geschmückt ist. Nach der Blüte im Juli sollten die Pflanzen kuppelförmig zurückgeschnitten werden; dabei wird der Großteil des diesjährigen Austriebs abgenommen. Durch einen solchen Sommerschnitt gewinnt man dicht bestockte Pflanzen, die für den Winter gerüstet sind.

Während ich an einem warmen, dunstigen Sonntagmorgen durch den Kiesgarten gehe, sehe ich erstaunt *Hippocrepis* (*Coronilla*) *emerus*, den Hufeisenklee mit beinahe so vielen gelben Schmetterlingsblütchen wie im April. Welche Augenweide! So frisch wirkt er hier im Hintergrund, wo die meisten seiner Nachbarn nur noch ihre unterschiedlichen Formen, Strukturen und Grüntöne aufzuweisen haben – Pflanzen wie *Cistus ladanifer*, *Berberis* × *stenophylla* und *Atriplex halimus* mit aluminiumgrauem Laub. Schwärme von Schmetterlingen, vorwiegend weiße, flattern durch diese Landschaft aus Bergen und Tälern, die durch die unterschiedlichen Formen und die Anordnung der Pflanzen entstanden ist.

GUTE NACHBARN

Und doch ist es nicht nur ein gelber Garten. Keineswegs! Hier sind Gruppen purpurviolett blühender *Verbena bonariensis*, Kissen intensiv rosaroter Grasnelken, *Armeria maritima* 'Düsseldorfer Stolz', und eine zweite Blüte der rosaroten Glocken von *Bergenia* 'Morgenröte' – sehr schön mit dem frischen Grün ihrer rundlichen Blätter, die sich an den Samtteppich des silbergrauen Eselsohrs, *Stachys byzantina* 'Silver Carpet', lehnen. Das Blau der hübschen Gruppen glockenförmiger Blüten von *Triteleia laxa* (ursprünglich *Brodiaea laxa*) verblasst bereits, denn schon bilden sich die bespelzten Samenkapseln; aber an anderer Stelle tritt es in Form der stahlblauen, distelartigen Köpfe diverser *Eryngium*-Arten auf – alle bestens an trockene Standorte angepasst. Während ich auf der geschwungenen Holzbank das wohlige Summen der Bienen aus den Blüten des Lavendels neben mir höre, folgt mein Blick dem trockenen Flussbett, in dem da und dort Horste von *Agapanthus campanulatus* mit ihrem kräftigen Blau das Bild bereichern.

Nun, Ende Juli, sitze ich mit Bleistift und Notizbuch auf meinem kleinen, mit Segeltuch bespannten Klappstuhl und betrachte mir einen Ausschnitt der Landschaft, in der mich im Juni *Cistus* und *Abutilon* bezaubert hatten. Insgesamt ist nun wenig Blütenfarbe zu sehen, dafür aber überall eine wohltuende Fülle an Blattwerk unterschiedlichster Texturen und Formen. Zu meinen Füßen breitet *Achillea tomentosa* einen struppigen Teppich aus wolligen Blättern aus, die sich durch feine

Oben:
Nepeta 'Six Hills Giant', *Allium christophii* und *Stachys byzantina* 'Cotton Boll'

Unten:
Phlomis tuberosa 'Amazone'

silbrige Härchen gegen die Trockenheit schützen. Obwohl sie im letzten Sommer sehr unter Wassermangel gelitten hatte, breitet sie sich nun im frischen Boden aus. Der leicht „zerzauste" Anblick stört mich nicht, da auf diese Weise nirgends kahle Erde zum Vorschein kommt, lediglich ab und zu die Kiesdecke. In den Zwischenräumen haben sich Tausende von Schösslingen ausgesät, wie eine kleine Wiese aus dem zierlichen Lauch *Allium carinatum* subsp. *pulchellum* fo. *album* der seine ersten weißen Glöckchen zu entfalten beginnt. Aber auch die Edeldistel *Eryngium bourgatii* mit ihren blauen Stängeln und blauen Blüten bahnt sich einen Weg zwischen *Achillea*; ihre hübschen, tief eingeschnittenen und gewellten Blätter sind alle mit breiten weißen Adern durchzogen, sehr stachelig und bestens gewappnet, um der Trockenheit standzuhalten.

Dieser fast kameenhaft wirkende Rabattenrand lenkt den Blick beinahe unmerklich auf eine sanft wogende Landschaft aus stattlichen Gruppen einiger bodendeckender Sträucher. Zunächst fällt er auf ein langes gewundenes Band graulaubiger *Salvia lavandulifolia* mit Wolken blauer Blüten im Mai und Juni; im Hintergrund erhebt sich eine große, außergewöhnlich weißlaubige Form von *Phlomis*, die wiederum von mehreren Horsten blaugrauer *Euphorbia characias* subsp. *wulfenii* eingerahmt wird, inzwischen allerdings verblüht. Dann wird das Auge nach oben auf eine aus Samen aufgegangene Gruppe gelb blühender Königskerzen gelenkt, die mit 1,5–2 m Höhe in den Himmel ragen. Es muss sich um eine Kreuzung handeln, denn sie wird so hoch wie *Verbascum bombyciferum* und hat die dunkel kastanienbraunen Augen von *V. chaixii*. Schließlich erhebt sich eine sehr blühfreudige Form des Strandhafers, *Leymus arenarius*, mit starren, weizenartigen Grannen, hohen Halmen und bandförmigen graublauen Blättern silhouettenartig vor der dunkelgrünen Hecke aus × *Cuprocyparis leylandii*.

An anderen Stellen im Kiesgarten finden sich weitere Gruppen, die nun ihren Reiz entfalten, sei es durch Farbe, Form oder gar beides. *Sedum* 'Matrona' vor dem Hintergrund der hohen Fruchtstände von *Phlomis tuberosa* 'Amazone' (vor kurzem wurde das welkende Laub abgestreift); dazwischen verstreut *Allium christophii*, das Samen angesetzt hat, aber noch immer dekorativ wirkt, untermalt von *Bergenia* 'Abendglut' und dem nun in Blüte stehenden *Thymus* 'Silver Queen' als Einfassung. *Calamagrostis* × *acutiflora* 'Karl Foerster', ein herrliches hohes Gras, blüht ebenfalls und greift mit seinen fedrigen purpurlohfarbenen Blütenrispen die dunklen Farben von *Sedum*, *Phlomis* und *Allium* auf.

Überall um und zwischen *Verbena* und *Gaura lindheimeri* hat sich *Bupleurum falcatum* ausgesät und wirkt mit seinen spitzenähnlichen gelben Doldenblüten wie ein flacher Dunstschleier. Für Fülle sorgen die gelblaubige *Caryopteris* × *clandonensis* 'Worcester Gold' und *Sedum spectabile* 'Iceberg', zwei ruhige Nachbarn, die auf ihren Auftritt im frühen Herbst warten. Gerade ist die Bartblume erblüht, die uns bis weit in den September hinein mit ihrem Flor erfreuen wird. Ich mag zwar die vertrauten graulaubigen Formen (manche haben Blüten in dunklerem Blau) am liebsten, aber 'Worcester Gold' ist sehr reizvoll. Die lindgrünen Blätter bilden einen schönen Hintergrund für die helleren blauen Blüten – so schien es mir zumindest, bis ich beide verglich. Worin sie sich tatsächlich unterscheiden, lässt sich nur schwer sagen. Aber man merkt in der Praxis immer wieder, dass Farben in unmittelbarer Nachbarschaft ein und dieselbe Farbe ganz anders zur Geltung bringen. Wenn man verschiedenfarbige Passepartouts für ein Bild aussucht, unterstreichen sie ganz unterschiedliche Töne und scheinen das Bild wärmer oder kälter zu machen, je nachdem, welche Farbe hervorgehoben werden soll. Obwohl sich in meinem kleinen maritimen Bereich die Wirkung der Pflanzen, die auf den Sanddünen in Norfolk oder dem steinigen Boden von Dungeness wachsen, niemals nachahmen lässt, habe ich mich bei einigen weiteren Kombinationen daran orientiert. Am Wegrand findet sich eine gefüllte Form der ehemals als *Silene maritima* bezeichneten *S. uniflora* 'Robin Whitebreast'. Ihre quastenartigen Blüten, die an gefüllte Nelken erinnern, taumeln über die Steine, während *S. u.* 'Rosea', abgesehen von den rosa gefleckten Blüten, wie die Art aussieht. Eine Sorte der Grasnelke, *Armeria maritima* 'Düsseldorfer Stolz', bildet mit ihren hellen weinroten Blüten über Wochen einen Farbklecks, während der Gelbe Hornmohn, *Glaucium flavum*, in meergrüne, fiederschnittige Blätter gehüllt, über den Wegrand wuchert. Er trägt noch immer eigenartig stachelige Knospen, schalenförmige gelborangefarbene, seidige Kronblätter und lange, gebogene Samenkapseln.

Die geschätzte einheimische Stranddistel, *Eryngium maritimum*, hat mehrere Jahre gebraucht, um sich bei uns zu etablieren und mit ihren Pfahlwurzeln in meinen steinigen Unterboden vorzudringen. Sie gehört nicht zu den anspruchslosen Gartenpflanzen, denn sie bevorzugt den tiefgründigen reinen Sand der vom Wind modellierten Dünen. Leichter ansiedeln lässt sich *Eryngium variifolium*, eine in allen Teilen bemerkenswerte Pflanze. Ihre Blätter und Brakteen sind so fein gefiedert, dass sie wie aus schimmerndem Metall ausgestanzte Spitzen wirken; auf jedem Stängel stehen fingerhutgroße dunkelblaue Blütenköpfe.

Um dieser Gruppe Fülle zu verleihen, habe ich als Hintergrund *Crambe maritima* gepflanzt, die am Kiesstrand von Dungeness ein großartiges Bild bietet. Wie geballte Fäuste bricht sie im Frühling durch den kahlen Boden mit ihren dicht gedrängten Bündeln violett-purpurner Blätter, die sich allmählich zu großen blaugrünen Zungen mit gewelltem Rand entwickeln; an kurzen Stängeln folgen schließlich die ausladenden Blütenstände mit cremeweißen Kreuzblüten. Nach der Blüte schneiden wir sie zurück, um den Austrieb neuer Blätter zu fördern, die später dann, wie jetzt, einen unübersehbaren Kontrast bilden.

Anthemis tinctoria 'E. C. Buxton' mischt sich mit ihren blass zitronengelben Margeritenblüten unter das haarfeine Laub und die fedrigen Grannen des Mexikanischen Federgrases, *Stipa tenuissima*, während sich dahinter tiefblauer *Agapanthus campanulatus* 'Cobalt Blue' erhebt. Wir ziehen diese und andere benannte Sorten von A. *campanulatus* seit vielen Jahren, ohne dass der Frost ihnen je geschadet hätte. Es dauert allerdings mehrere Jahre, bis die Pflanze ansehnliche Horste mit Aufsehen erregenden Blüten bildet.

Entlang dem geschwungenen Rand eines Inselbeets wirkt *Verbena bonariensis* wie ein Perlenvorhang, gesäumt mit einer Bordüre niedriger *V. rigida* in dunklerem Violett. Letztere wird normalerweise als Sommerblume gezogen, weil sie in besseren Böden nicht zuverlässig winterhart ist; in meinem durchlässigen Kiesboden und unseren milden Wintern verschwindet sie zwar, treibt aber aus unterirdischen Trieben wieder aus. Zu diesen beiden gesellen sich die atemberaubend blauen Blüten eines besonderen Leins *Linum narbonense*. Er sät sich allerdings

Gegenüber, links:
Im Frühsommer bietet das Mexikanische Federgras, *Stipa tenuissima*, eine unendliche Fülle silbergrüner Blüten über weichen Horsten haarfeiner Blätter. Der Anblick der zarten fedrigen Rispen und grasartigen Blätter, die sich im leisesten Windhauch wiegen, ist eine Augenweide. Im Lauf der Reife färben sich die Blütenrispen strohgelb. Ein Rückschnitt fördert den Neuaustrieb und verhindert Samenbildung. In der Regel verwende ich keine stark aussamenden Gräser, aber *Stipa tenuissima* ist viel zu schön, als dass man an solchen Grundsätzen festhalten könnte. Im Übrigen sind die Sämlinge leicht zu erkennen und auszureißen. Die Margeritenblüten der Färberkamille *Anthemis tinctoria* 'E. C. Buxton' passen gut zu Gräsern, ebenso wie der Elfenbein-Mannstreu, *Eryngium giganteum*, der sich dazwischen ausgesät hat.

Gegenüber, rechts:
Dieses Bild zeigt, wie wichtig eine ausdrucksvolle Pflanze sein kann. Die Seidenhaar-Königskerze, *Verbascum bombyciferum*, ist von unten bis oben so schön, dass der Blick unweigerlich an ihr hängen bleibt. Sie steht wie ein Ausrufezeichen am Ende eines Satzes. Würde man sie entfernen, bliebe nichts als ein unruhiges Durcheinander.

nicht von selbst aus (wie *L. perenne*), muss also aus Stecklingen gezogen werden, die sich nicht immer problemlos leicht bewurzeln; deshalb gehört dieser Lein unabänderlich zu den Pflanzen, die wir mit dem Etikett „signiertes Exemplar aus limitierter Auflage" versehen. Zwischen all diesen Schönheiten sind Dutzende der kugelförmigen, filigranen Fruchtstände von *Allium christophii* verstreut, während eine andere Gruppe, die wir bisher immer im Gewächshaus zogen, *Tulbaghia violacea*, mit frisch wirkenden, satten Horsten aus schmal riemenförmigen Blättern und anhaltend blühenden blasslila, den *Allium* ähnlichen Blüten an schlanken Stängeln den Vordergrund bildet.

Für die dringend erforderliche Kontrastwirkung sorgen die dunklen Blätter und Blüten von *Sedum telephium* subsp. *maximum* 'Atropurpureum', während die pflaumenfarbenen und pflaumenförmigen Köpfe von *Allium sphaerocephalon* immer als überraschende Zugabe auftauchen. Den Hintergrund dieser Pflanzengruppen und zugleich Mittelpunkt des Inselbeets bildet die Himmelsrakete, *Juniperus scopulorum* 'Skyrocket', an deren Fuß sich ein großer Horst Palmlilien, *Yucca gloriosa*, erhebt. Um die Abruptheit dieser scharfen, aber unverzichtbaren Konturen zu mildern, ihre Wirkung aber gleichsam zu steigern, sieht man sie durch einen hohen fächerförmigen Gräserhorst von *Stipa splendens* hindurchblitzen (wobei wir uns über den Namen des Grases nicht ganz im Klaren sind).

STOLZE VERTIKALEN

Die breiteste Rabatte des Kiesgartens liegt in der Nähe des Eingangstors vor der Hecke aus × *Cuprocyparis leylandii*. Sie misst von vorne bis hinten fast 10 m.

Nahezu aus reinem Sand und Kies bestehend, ist sie durchlässig wie ein Sieb; aber mit einer gezielten Auswahl an Pflanzen und einer dicken Strohschicht außerhalb des Sichtbereichs (von der Mitte nach hinten), bietet die Rabatte inzwischen das Bild einer geschlossenen Landschaft aus Kuppeln und Hügeln in unterschiedlicher Höhe; dazwischen kleine Täler, die das Auge auf Futter sammelnde Bienen und Schmetterlinge lenken, während stattlich aufragende Vertikalen den Himmel bemalen.

Monatelang war der Zugang zum Parkplatz von den 2 m hohen Kandelabern von *Verbascum bombyciferum* bewacht worden. Nun, da der Sommer zu Ende geht, schmücken noch immer vereinzelte gelbe Blüten die knubbeligen Fruchtstände. Glänzende Bergenien-Bänder und Teppiche aus Woll-Ziest (*Stachys byzantina*) leiten zum ersten Inselbeet über, in dem inzwischen eine zentrale Gruppe *Verbena bonariensis* den Ton angibt. Die starren, verzweigten vierkantigen Stängel benötigen keine Stütze; sie werden 1,25 m hoch und sind fast von unten an mit winzigen, leuchtend mauvefarbenen, abgeflachten Röhrenblüten besetzt. Hier bilden sie an sich schon einen auffallenden Blickfang, aber auch einen reizvollen Schleier, durch den der Blick auf eine ferne Rabatte oder einen flachen Streifen Kies fällt, je nachdem, wo man steht. An einer anderen Stelle mischen sich ihre aufrechten lila-mauvefarbenen Blütchen unter *Gaura lindheimeri*, deren anmutig verzweigte Stängel nun mit flatternden weißen Blüten belebt sind, die mich an Motten im Dämmerlicht erinnern.

Eine sehr schöne Vertikale ist *Eryngium eburneum*. Diese Distel bringt zwar eher Struktur als Farbe mit ihren kleinen, fingerhutgroßen, grünlichweißen Blü-

tenköpfchen, die an den verzweigten gebogenen Stängeln 1,25 m hoch über den grasartigen, ananasähnlichen Basalblättern stehen. Eine andere beliebte Vertikale ist *Perovskia* 'Blue Spire'. Die weißfilzigen Triebe wirken dunstig grau im Gegensatz zu dem Wald dunkelgrüner Stängel von *Verbena bonariensis*. Hummeln und Honigbienen fliegen unermüdlich zwischen den winzigen Röhrenblüten von *Perovskia* und *Caryopteris* im Vordergrund hin und her.

Manchmal mache ich mich mit meinem Klappstuhl unter dem Arm auf, um mir ein Plätzchen im Garten zu suchen, an dem ich normalerweise achtlos vorbeigehe; so kann ich im milden Abendlicht in Ruhe über den einen oder anderen Teil der Bepflanzung nachdenken. Dieses Mal ist es die Gehölzrabatte entlang der Auffahrt, die die westliche Begrenzung des Kiesgartens bildet. Hier ist der Boden nicht ganz so steinig und etwas fruchtbarer. Vor einer kleinen Gruppe dunkelgrüner Zypressen zeichnen sich zwei Büsche von *Ligustrum ovalifolium* 'Aureum' ab, die das ganze Jahr über dekorativ sind, durch den Rückschnitt im letzten Winter aber mit ihren frischen Trieben und den zitronengelben, jungen Blättern nun einzigartig schön wirken. Diese beiden Gehölze bilden einen schönen Hintergrund für mindestens fünfzig großartige Stängel von *Acanthus spinosus*. Die kräftigen, zylindrischen Stängel werden 1,5–1,75 m hoch und tragen riesige Ähren behelmter Blüten mit gewölbten purpurvioletten Hochblättern, jedes durch ein weißes Kronblatt geschützt, das wie eine Zunge oder ein gerüschter Petticoat darunter hervorschaut und die Staubblätter und Narbe im Innern abdeckt. Sie wirken insgesamt dunkel und geheimnisvoll und bilden somit einen guten Kontrast zu dem

Links:
Hier präsentiert sich *Stipa tenuissima* in ihrer ganzen schimmernden Schönheit als seidiger Kontrast zu den weißlichen Stängeln von *Lychnis coronaria*, deren samtige burgunderrote Blüten durch *Salvia nemorosa* subsp. *tesquicola* komplementiert werden. Dahinter sieht man die zarten Dunstschleier der einjährigen Jungfer im Grünen, *Nigella damascena* 'Miss Jekyll Alba' sowie die selbstausgesäten Ähren des Purpur-Leinkrauts, *Linaria purpurea* 'Springside White'.

gelben Liguster. Die tief eingeschnittenen dunkelgrünen Blätter sind in diesem Jahr zwar von Mehltau befallen, was aber die Wirkung nicht beeinträchtigt. Von Zeit zu Zeit muss im Winter tief umgegraben werden, um die stark wuchernde Pflanze einzudämmen, aber wo es einen größeren Bereich auszufüllen gilt und die Sommer warm genug sind, entfaltet sie eine spektakuläre architektonische Wirkung.

Die aufregendste Vertikale war in diesem Sommer wohl *Ferula communis*. Wie bereits erwähnt, muss sie im Jugendstadium, wenn sie etwa so groß ist wie der Bleistift, mit dem ich schreibe, aus einem Langtopf ausgepflanzt werden. Ganz wichtig ist, dass die Pflanzstelle markiert wird, weil es zwei bis drei Jahre dauern kann, bis sich ein Wurzelsystem gebildet hat, das stark genug ist, um den purpurn getönten Stamm zu tragen. Er kann am Fuß so dick wie mein Handgelenk und etwa 3 m hoch werden – geradezu atemberaubend, wenn eines Tages die nach oben gerichteten Zweige mit den fenchelartigen, flachen, gelben Blütendolden über alles andere hinausragend vor dem blauen Himmel stehen. Man darf sie allerdings nicht dem Wind aussetzen. Eine meiner Pflanzen, die gerade im Begriff war, Samen anzusetzen, wurde kürzlich von einem besonders heftigen Sturm an der Basis abgeknickt.

Tulbaghia violacea erinnert in Aussehen und Duft an *Allium*. (Normalerweise nehme ich den lauchartigen Geruch nicht wahr, aber an kalten, feuchten Herbstmorgen kann er recht intensiv sein.) Die Kaplilie hat schmales, riemenförmiges immergrünes Laub und trägt an 38–45 cm hohen Stängeln lockere lavendelfarbene Blütenköpfe, die sich aus dunkleren Knospen entfalten. Nicht zuverlässig frosthart, überlebt sie hier milde Winter; aber zur Sicherheit topfen wir ein paar Horste ein, die wir im Kalthaus überwintern – wir können sie dann wie Schnittlauch teilen und im Frühjahr auspflanzen. Sie vermehren sich und blühen den ganzen Sommer über bis zum Herbst.

FARBTUPFER ZWISCHEN TEPPICHPFLANZEN

Da und dort setze ich gern wie kleine Farbtupfer wirkende Pflanzen zur Belebung zwischen flache Pflanzenteppiche. So habe ich mehrere Zwiebeln von *Lilium formosanum* var. *pricei* in ein Meer blauer *Mertensia maritima* gesetzt. Sie blühten üppig, wobei die langen weißen Trompeten an ihren kurzen Stielen seltsam unproportioniert wirken über den winzigen blauen Blüten. *Mertensia* findet sich wildwachsend an geschützten Stränden der Shetland-Inseln (falls es dort noch Vorkommen gibt). Wie *Eryngium maritimum*, das auf unseren Sanddünen in Suffolk wächst, lässt sie sich im Garten nicht immer problemlos kultivieren – auch von mir nicht –, aber bis jetzt scheint sie sich hier ausgesprochen wohl zu fühlen, denn sie bildet weite Matten mit niederliegenden Trieben, die dicht mit blaugrauen wachsüberzogenen Blättern bedeckt sind. In jeder Blattachsel findet sich eine Traube mit kleinen, glockenförmigen, blauen Blüten, die sich mit den länger werdenden Stängeln nach und nach entfalten, sodass sie uns mit ihrem Flor über Wochen bis in den August hinein erfreuen. Sie produzieren reichlich Samen, sodass ich, selbst wenn die Mutterpflanzen eingehen, sicher sein kann, zwischen den Steinen eingeklemmt einige Jungpflanzen zu finden. *Diascia vigilis* bildet einen blassen lachsrosafarbenen Farbfklecks neben dem Pastellblau von *Mertensia*.

An den Rand des langen gewundenen Kieswegs habe ich in Dreier- oder Vierergruppen *Gypsophila* 'Rosenschleier' gepflanzt. Eine einzige Pflanze hätte genügt, denn jede überdeckt mindestens 90 × 90 cm mit weichen Kumuluswolken aus feinen, drahtig verzweigten Stängeln, die mit Schäumen von zartrosafarbenen, halbgefüllten Blüten übersät sind.

Nepeta tuberosa ist bereits verblüht, aber die kerzenförmigen Fruchtstände mit ihren dichten Quirlen purpurvioletter, wolliger Hochblätter bilden interessante, nur 60–75 cm hohe Vertikalen, die über einem blassen Teppich von *Artemisia stelleriana* aufsteigen. *Crepis incana* hat über Wochen blassrosafarbenen, löwenzahnartige Blüten mit cremefarbener Mitte entfaltet. Noch immer erscheinen Knospen zwischen den niedrigen, tief geschlitzten, schmalen Blättern. *Osteospermum jucundum* bringt unaufhörlich kräftig mauve-rosa Margeritenblüten hervor, während *Osteospermum* 'Lady Leitrim' über den Kiesrand kriecht und seine kalkweißen, rückseitig rot gefleckten Korbblüten mit marineblauer Mitte entfaltet.

Euphorbia seguieriana erweist sich im Hochsommer als besonders wertvoll, weil sie zu einer Zeit, in der sich im Garten eine gewisse Trockenheit und Welke einzuschleichen beginnt, mit frischem Gelbgrün aufwartet. Die einjährige *E. stricta* entfaltet an rot gefleckten, verzweigten Stängeln winzige Köpfe mit giftgrünen Blütchen; aus Sämlingen im Umkreis von *Verbena bonariensis* aufgegangen oder zwischen dem frischen Flor weißer Margeritenblüten von *Anthemis punctata* subsp. *cupaniana* (nach dem Rückschnitt im Juni), verleihen diese anpassungsfähigen Pflanzen dem Hochsommerbild eine beinahe frühlingshafte Frische.

Wo im Juni noch rosafarbene *Saponaria* und gelbe *Allium moly* dominierten, findet sich nun eine reichlich düstere Gruppe: Die mauvefarbenen Scheinähren von *Origanum laevigatum* 'Hopleys' stehen über dem dunkel kastanienroten Laub von *Euphorbia dulcis* 'Chameleon'. Dahinter ein Gras, *Pennisetum orientale*, das sich im Wind wiegt und einen Dunstschleier pelziger, raupenartiger Blütenstände entfaltet. Kontrastreich heben sich die üppigen Horste von *Sedum telephium* subsp. *ruprechtii* davon ab, deren graugrüne, fleischige Blätter mit einem warmen rötlichen Glanz überlaufen sind; aus den großen, rosa getönten Knospen entfalten sich an ausladenden, flachen Blütenständen gelblich grüne Blütenbüschel. Die Kombination der Farbschattierungen und der wachsartigen Textur wirkt vom ersten Erscheinen im Frühling das ganze Jahr hindurch reizvoll.

Oben links:
Clematis 'Madame Julia Correvon'

Oben rechts:
Clematis 'Kermesina'

CLEMATIS – EINMAL ANDERS

Es klingt vielleicht seltsam, dass es in meinem Kiesgarten Clematis gibt, obwohl nirgends eine Mauer oder ein Torbogen in Sicht ist. Das erste Mal habe ich horizontal gezogene Clematis im Garten von John Treasure in Burford House (Worcestershire) gesehen, wo er sie über eine weitläufige Böschung aus Heidekraut gezogen hatte, die so spät im Jahr trist gewirkt hätte.

Als ich vor sieben Jahren mit der Gestaltung des Kiesgartens begann, pflanzte ich einen 200 m langen Gehölzstreifen aus unterschiedlichen Bäumen, Sträuchern und niedrigen Bodendeckern, um den Parkplatz gegen den Nordostwind und die Sicht auf die benachbarten Felder abzuschirmen. Voller Optimismus pflanzte ich in die gleiche Mischung aus Sand und Kies, wie sie sich am Strand findet, auch mehrere Clematis, in der Hoffnung, sie würden die unwirtlichen Bedingungen tolerieren, und bei den Besuchern Staunen hervorrufen, wenn sie auf dem Weg zum Parkplatz daran vorbeikämen. Über mehrere Jahre gab ich den dick mit Strohmulch umgebenen Pflanzen während der regenarmen Monate je eine Zwölf-Liter-Kanne Wasser. Obwohl manche eingegangen sind, dürfen wir auch Erfolge verzeichnen. Der ein oder andere Besucher sieht sie sich beim Aussteigen vielleicht genauer an und begegnet einigen dann erneut im Kiesgarten.

In einer extrem nährstoffarmen Ecke des Kiesgartens haben wir eine *Clematis tibetana* subsp. *vernayi* wie einen Spitzenschal über die großen Blätter von *Bergenia* 'Rosi Klose' wachsen lassen. Aus Samen gezogen, fällt diese Waldrebe in Größe, Gelbton und Stärke der Kronblätter ganz unterschiedlich aus. Besonders fleischige Blütenblätter führten zum Sortennamen *Clematis* 'Lemon Peel'. Aber obwohl sie zierlich erscheinen, darf man sich dadurch nicht täuschen lassen; inzwischen weiß ich, dass ich viel rigoroser gegen die sich überall ausbreitenden Sämlinge vorgehen muss, die der Wind hereinweht. In dem etwas nährstoffreicheren Boden entlang der Auffahrt, wo zwei alte Eichen stellenweise Schatten werfen, habe ich mit einigen Waldreben experimentiert, um zu sehen, ob sie überleben oder sogar gedeihen, und ob sie dem Garten während dieser Übergangszeit einen zusätzlichen Reiz verleihen könnten, indem sie durch Sträucher klettern oder sich wie eine kostbare Stickerei über den ruhigen Matten aus Immergrün, *Geranium macrorrhizum* und den unvermeidlichen Bergenien ausbreiten.

Gegenüber:
Oben:
Clematis × *triternata* 'Rubromarginata' ist eine Kreuzung zwischen *C. flammula* und *C. viticella*. Sie hat sich hier fest angesiedelt und klettert über eine riesige *Hebe* 'Nicola's Blush'. Ich finde allerdings, dass die Blüten auf diesem Bild übertrieben groß wirken.

Unten links:
Ein Sämling, den der Wind von einer *Clematis tibetana* subsp. *vernayi* in der Nähe hierher geweht hat, zeigt die dicken zitronenschalenartigen Blütenblätter. Die Pflanze zieht sich wie ein Fischernetz über niedrige Bodendecker wie *Sedum telephium* subsp. *ruprechtii*, hier in knospigem Zustand.

Unten rechts:
Aus im Garten gezogenen Bambusstäben habe ich eine Stütze für *Clematis* 'Madame Julia Correvon' geschaffen, nachdem ihre ursprüngliche Kletterhilfe, *Cotinus coggygria*, krank wurde und einging. *Cotoneaster franchetii* entwickelt sich kräftig und wird irgendwann die Stöcke ersetzen.

Clematis × *triternata* 'Rubromarginata' gilt als natürliche Kreuzung zwischen *C. flammula* und *C. viticella*. Trotz magerem Boden (aber bei besten Startbedingungen in einem tiefen Pflanzloch, mit gut verrottetem Kompost) gedeiht sie hier bestens und breitet sich weit über eine rosa blühende *Hebe* aus, wo ihre zahllosen pflaumenvioletten, sternförmigen Blüten mit heller Mitte die allmählich welkenden Blüten der *Hebe* ablösen. Dazwischen verwoben entdecke ich *C.* 'Kermesina' mit beträchtlich größeren Blüten.

Auch eine *C.* 'Prince Charles' mit zart verblassenden blauen Kronblättern, dunkleren vertieften Adern und gerüschten Rändern habe ich zwischen das gelbe Laub von *Salvia officinalis* 'Icterina' und eine graulaubige *Caryopteris* × *clandonensis* gepflanzt. Man sieht sie durch den Schleier von *Verbena bonariensis*, die ihre Farbe erneut aufgreift; sie benötigt wohl etwas Dünger – vielleicht aber auch nur mehr Zeit, um ihre Wurzeln in der bodenlosen Tiefe aus Steinen zu verankern, die sich im Untergrund des Kiesgartens auftut. Zwischen den grauweißen Blättern von *Brachyglottis* (Dunedin-Gruppe) 'Sunshine' stehen noch immer die vier breiten violetten Kronblätter von *C.* × *durandii*. Ich habe diese Idee einst von einer Abbildung aus Christopher Lloyds Buch über Clematis gestohlen und beobachte Jahr für Jahr voll freudiger Erwartung, wie diese niedrig wachsende Clematis erneut zum Leben erwacht, ausdauernd blüht und aus den früheren Blüten seidig grüne Fruchtstände bildet.

Clematis 'Kermesina' gefällt sich in der vermeintlichen Rolle einer Zistrose. Sie wächst durch *Cistus* 'Peggy Sammons', der im Juni seinen Hauptflor entfaltete, aber mit vereinzelten blassen, verknitterten Blüten noch Anspruch auf den Busch erhebt. Die wildrosenähnlichen Blüten werden zur Mitte hin heller und stehen an langen graufilzigen Trieben. Zum Glück scheinen die Büsche (zwei insgesamt) kräftig genug zu sein, um die Girlanden pflaumenvioletter samtiger Clematis-Blüten zu tragen, die im Gegenlicht der tief stehenden Abendsonne blasser wirken. Die verkahlten Triebe der Zistrose werden durch mehrere Horste von *Ballota pseudodictamnus* kaschiert. Nachdem die Blütentriebe im Juni zurückgeschnitten wurden, haben sie nun neu ausgetrieben und bilden ansehnliche große Horste aus blassgrauem filzigem Laub. Die leuchtend weinrote *Lychnis coronaria* mit nahezu weißfilzigen Blättern greift die Farbe der Waldrebe in einem etwas helleren Ton auf.

Nie hätte ich geglaubt, dass die Waldreben an dieser Stelle so gut gedeihen würden, aber dank optimaler Startbedingungen, etwas Geduld und wohl auch einem Quäntchen Glück, scheinen sie ein so stabiles und tief reichendes Wurzelsystem entwickelt zu haben, dass sie uns in dieser Übergangszeit unerwartet Freude bereiten.

DIE LETZTEN WOCHEN DES SOMMERS

Seite 96:
Sollte ich mich je für ein einziges Gras entscheiden müssen, würde meine Wahl auf *Stipa gigantea* fallen. Aus kompakten Horsten grüner, eingerollter Blätter erheben sich zahllose hohe Halme, die starr aufgerichtet, herrliche haferartige Blütenrispen tragen, schimmernd wie Gold. Die Blüten reifen Ende Juni, aber die Wirkung des Sonnenlichts, das sich in ihnen verfängt, hält bis in den Herbst an.

Obwohl der Sommer allmählich zu Ende geht, ist noch immer Farbe da, allerdings verblasst und mit dunklen Flecken; diverse purpurlaubige *Sedum*-Arten, die bereits Samen angesetzt haben, werfen zwischen den graulaubigen Pflanzen und den sanft wogenden Gräsern Schatten.

Im Juli und August hatten wir nicht mehr als 50 mm Niederschläge. Sie fielen in spärlichen Tröpfchen, kaum 12 mm auf einmal, gerade so viel, um den Staub abzuwaschen. Dies ist extrem wenig, zumal der steinige Boden durchlässig ist wie ein Sieb; hinzukommt, dass viele Pflanzen ihren Wachstumshöhepunkt Anfang Juli erreicht haben und deshalb stark transpirieren. Zum Glück war es in diesem Jahr häufig bedeckt, nach Meinung vieler Leute ein miserabler Sommer, für uns Gärtner indes ein Segen. Nur so blieb uns erspart, dass die Pflanzen durch die ungewohnt hohen Temperaturen regelrecht geröstet wurden. In den letzten Jahren waren die klimatischen Bedingungen im Juli und August unter dem Einfluss der globalen Erwärmung, wie ich meine, geradezu besorgniserregend, als heiße Wüstenwinde von der Sahara die parkenden Autos mit rotem Staub einfärbten und mir die glühende Hitze auf den aufgeheizten Wegen des Kiesgartens entgegenschlug, als hätte ich die Tür eines Backofens aufgemacht. In jenem Sommer 1995, als sich die Temperaturen zwischen 25 und 30 °C einpendelten, und wir uns kaum mehr beherrschen konnten, nicht doch zu gießen, litten einige Pflanzen sichtbar, die meisten erholten sich aber wieder und trieben mit dem nahenden Herbst neu aus. Ende August jenes Jahres bot der Garten mit seinem schier überschäumenden Wuchs und der verschwenderisch üppigen Blumenpracht schließlich ein Bild, wie ich es mir immer vorgestellt hatte: Das glitzernde Kiesbett wurde zum dominierenden Gartenelement, das mit seiner leuchtend warmen Farbe die blasseren Töne der Rabatten rundum hervortreten ließ. Blass, aber nicht bleich. Trotz Trockenheit war durch das gesunde Laub für Farbe, Konturen, Strukturen und Form gesorgt.

Manche Pflanzen litten, aber nur wenige gingen ein. Verwundert war ich über *Verbena bonariensis*, die sich, nach meinen Aufzeichnungen 1994 so „einzigartig“ entwickelt hatte; 1995 war sie nur halb so hoch und die Blütenknospen welkten. Es ließ sich nur verschmerzen, indem wir sie, lange bevor sie normalerweise ausgeputzt werden, auf halbe Höhe zurückschnitten, und siehe da, Ende August hatten sie vielfach neu ausgetrieben, obwohl kaum Regen gefallen war. (Wie viel war wohl bis zu den Wurzeln vorgedrungen?) Der Temperaturrückgang wirkte sich indes ebenso förderlich aus wie die kühleren Nächte im Herbst, in denen der Tau regelrecht unter der Kiesschicht eingeschlossen wird. Anfangs ließen die Bergenien ihre großen Blätter hängen wie Spaniels ihre Schlappohren, bis sie sich an die Hitze gewöhnt hatten und wieder aufrichteten. Als die Temperaturen von weit über 20 °C um zehn Grad fielen, wurden sie ihrer Rolle als dekorative Einfassung der gewundenen Rabattenränder wieder gerecht und glänzten sattgrün, um mit dem Einsetzen kälterer Nächte in den verschiedensten Rottönen aufzuflammen.

Beinahe jeden Sommer, wenn im Hochsommer die für Ostengland typische Trockenheit über Wochen anhält, wirkt dieser Bereich trocken, aber nicht tot. Die Fruchtstände zahlreicher Sträucher und Stauden, auch *Allium* und Gräser nehmen die unterschiedlichsten Lohgelb- und Brauntöne an, als wollten sie die Farben der Kiesel auf dem Weg aufgreifen. Sie bilden Vertikalen, die sich über den vielfältigen Grau- und Grüntönen der Blattpflanzen erheben und das Licht einzufangen scheinen. Immer wieder sehe ich voller Dankbarkeit, wie viele Pflanzen nicht nur überleben, sondern nach dieser Testphase unter äußerst trockenen Bedingungen auch erfreulich gut gedeihen. Erstaunt darüber, habe ich 1995 die folgende Liste zusammengestellt.

Der Kiesgarten am 19. August 1995 nach acht Wochen ohne messbare Niederschläge bei Wind und Temperaturen von 25–30 °C:

Pflanzen, die noch immer gut aussehen
Agapanthus-Hybriden
Allium senescens subsp. *glaucum*
Calamintha nepeta
Euphorbia pithyusa
Euphorbia seguieriana subsp. *niciciana*
Ferula communis
Gaura lindheimeri
Gypsophila 'Rosenschleier'
Haplopappus glutinosus
Incarvillea arguta
Limonium platyphyllum
Linaria dalmatica
Nepeta 'Six Hills Giant'
Perovskia 'Blue Spire'
Saponaria × *lempergii* 'Max Frei'
Sedum aizoon 'Euphorbioides'
Sedum 'Bertram Anderson'
Sedum 'Matrona'
Sedum populifolium
Sedum spectabile – alle Sorten
Sedum telephium subsp. *maximum* – alle Sorten
Sedum telephium subsp. *ruprechtii*
Sedum 'Vera Jameson'
Tulbaghia violacea
Verbena 'La France'
Verbena rigida
Veronica spicata subsp. *incana* 'Mrs Underwood'

Kriechende Pflanzen
Artemisia glacialis
Diascia barberae 'Blackthorn Apricot'
Diascia vigilis
Phyla nodiflora
Stachys byzantina and *S. b.* 'Primrose Heron'
Thymus 'Doone Valley'
Thymus longicaulis
Thymus serpyllum 'Minor'

Anhaltend schönes Laub
Artemisia abrotanum
Artemisia absinthium 'Lambrook Silver'
Ballota pseudodictamnus
Brachyglottis compacta
Caryopteris × *clandonensis*, diverse Sorten
Eriophyllum lanatum
Eryngium eburneum
Euphorbia characias subsp. *wulfenii*
Euphorbia epithymoides 'Major'
Euphorbia myrsinites
Genista hispanica
Genista lydia
Helianthemum, diverse Sorten
Lavandula, diverse Sorten
Ruta graveolens
Salvia lavandulifolia
Verbascum bombyciferum (junge Pflanzen)
Yucca

Beeindruckende Fruchtstände
Allium christophii
Phlomis tuberosa 'Amazone'

Gräser
Calamagrostis × *acutiflora* 'Overdam'
Poa labillardierei
Stipa gigantea
Stipa splendens
Stipa tenuissima

Angegriffen durch Trockenheit
Anthemis
Bergenia, manche, nicht alle
Cistus
Euphorbia dulcis 'Chameleon'
Hibiscus
Kniphofia
Ligustrum
Malus (später herausgenommen)
Sorbus (später herausgenommen)
Verbena bonariensis

Gegenüber, oben:
Ideale Pflanzpartner für trockene Standorte sind *Cistus, Genista, Parahebe perfoliata, Gladiolus communis* subsp. *byzantinus, Lychnis coronaria* und *Salvia nemorosa* subsp. *tesquicola. Acaena saccaticupula* 'Blue Haze' überzieht den Kies mit einer Stickerei winziger zinngrauer Blätter und purpurvioletter Stängel. In starkem Kontrast dazu steht eine Agave, die den Sommer über ausgepflanzt wurde.

Gegenüber, unten:
Manchmal erscheint mir die Erwartung bevorstehender Blütenpracht fast noch aufregender als ihre voll entfaltete Schönheit. Fasziniert betrachte ich *Eryngium giganteum* in diesem Stadium mit seiner kunstvollen Maserung silbrigen Adern und Stacheln. Das Gras *Stipa tenuissima* wird bald schon seine silbergrauen fedrigen Grannen zur Schau stellen, während *Anthemis tinctoria* 'E. C. Buxton' die Augen vorerst noch fest geschlossen hält.

EIN DUNSTSCHLEIER AUS VIOLETT UND BLAU

Im Spätsommer wird das Bild von einem Dunstschleier aus Violett-Tönen, zartem Purpur und Blau bestimmt; hinzu kommen einige Tupfer Gelb, die einen lebhaften Kontrast darstellen und die Szenerie auflockern, wobei unzählige silber- und graulaubige Pflanzen den warmen Boden bedecken und sich an diesem Standort sichtlich wohlfühlen. Die Lücken, die zurückbleiben, wenn die schönen Büsche weißer Margeritenblüten von *Anthemis punctata* subsp. *cupaniana* zurückgeschnitten werden müssen, füllen neu austreibende Rosetten aus fein eingeschnittenen Blättern, die sich an die Steine schmiegen und bei anhaltender Trockenheit ein noch weißeres Grau entwickeln; ungeheuer blühfreudig, bringen sie bald schon einen Nachflor.

Anfang Juli ließ die Katzenminze *Nepeta* 'Six Hills Giant' ihre langen Blütenstände über die Nachbarpflanzen fallen und begrub wer weiß was alles darunter. Nachdem sie über Wochen geblüht hatte, entschloss ich mich, sie ziemlich rigoros zurückzuschneiden. Inzwischen entwickelt sie kompaktere Blatthorste mit kürzeren Stängeln. Einen langen lavendelblauen Schleier in nahezu gleicher Farbe wie die Katzenminze bildet *Perovskia* 'Blue Spire' – zusammen mit dem Fenchel, *Foeniculum vulgare* (im Begriff Samen zu bilden), dem krönendem Mittelpunkt einer interessanten Gruppe. Filigrane graue Rispen von *Artemisia alba* 'Canescens' verflechten sich am Fuß von *Perovskia*, während *Euphorbia epithymoides* (nach der Blüte zurückgeschnitten) ganz neu austreibt und einen willkommenen Nachflor hervorbringt. Die im Allgemeinen viel zu selten verwendete Fetthenne *Sedum populifolium* bildet einen niedrigen Busch; sie wirkt mit ihren locker formierten, cremefarbenen und rosaroten, sternförmigen Blüten (als Schnittblume gut geeignet) um diese Zeit des Jahres frisch und hübsch. Auch der goldlaubige Majoran treibt erneut leuchtend gelbe Blätter aus.

Eine niedrige Gruppe an der Biegung einer Rabatte hielt mich in letzter Zeit jedes Mal zurück, wenn ich vorbeieilen wollte: die noch immer attraktive *Gypsophila* 'Rosa Schönheit', eine kleine mattenbildende Pflanze, deren zierliche graugrüne Blätter wochenlang unter ungefüllten tiefrosafarbenen Blüten verschwinden. Der Hauptflor ist zwar vorüber, aber noch immer halten sich vereinzelte Blütchen, die in kleinen Büscheln wie Pailletten verstreut zwischen den dunklen Schatten von *Sedum* 'Bertram Anderson' aufleuchten. Aus diesem Teppich steigen die frischen Blütenköpfe des spät blühenden *Allium senescens* subsp. *glaucum* auf. Seine kühlen lila Blüten stehen an kaum 30 cm hohen Stängeln. Diese Gruppe wird durch die stets bezaubernde *Euphorbia myrsinites* ergänzt.

Im Hintergrund der hohen purpurlaubigen Fetthenne *Sedum telephium* subsp. *maximum* 'Atropurpureum' erhebt sich eine stachlige *Yucca*, während sich zu ihren Füßen am Kiesrand *Sedum* 'Vera Jameson' und *Artemisia stelleriana* 'Nana' ausbreiten. Dazwischen entfaltet *Tulbaghia violacea* noch immer zierliche blasslila Blüten, und das gebleichte Gras *Stipa tenuissima* aus Mexiko und Argentinien bewegt sanft seine gefiederten Wedel über einem weiteren Purpurviolett, das die Wolfsmilch *Euphorbia dulcis* 'Chameleon' mit ihrem gefleckten purpurnen Laub einbringt; kirschrot und orangefarben gesprenkelt, kündigt es nun den Herbst an. (Wie schon erwähnt, ist der Boden im Kiesgarten einfach zu mager für diese Euphorbie, und doch erscheinen immer wieder Sämlinge.) Im Juni und Juli wurde diese Gruppe

Links:
Fackellilien können heikel sein. Sie mögen unsere kalten, nassen Winter nicht. Und doch finden sie sich in ihrer Heimat Südafrika oft auf feuchten Wiesen. Ihre Wachstumszeit reicht dort von Januar bis März, während sie in der Ruhephase oft ganz unter dem sonnengedörrten Boden verschwinden. *Kniphofia caulescens* ist in den Höhenlagen der Drakensberge heimisch und erhebt sich stolz aufragend zwischen Felsen und trockenem Gestrüpp; ihre Wurzeln finden aber noch lange genug Sickerstellen, um Blüten und Samen zu bilden.

wochenlang vom spektakulären Erscheinungsbild der fußballgroßen filigranen Köpfe des Sternkugel-Lauchs, *Allium christophii*, geprägt, während *Verbena bonariensis* und *V. rigida* helles und dunkles Purpurviolett beisteuerten.

ÜBERRASCHUNGEN IN DER RABATTE

Die hellgrünen Blütenstände von *Euphorbia seguieriana* subsp. *niciciana* stehen, wo immer sie auftreten, im Rampenlicht; dabei werden sie weder von den Lilien noch von *Galtonia* oder anderen Stars, die kommen und gehen, in den Schatten gestellt, obwohl sie ihnen zeitweilig einen beachtlichen Teil der Bühne überlassen. Die blassen, wie Falter aussehenden Blüten von *Gaura lindheimeri* machen sich gut im Hintergrund, zumal die trockenen Blütchen von *Gypsophila* 'Rosenschleier' im Vordergrund wie eine große zartbraune Schaumwolke wirken. All dies wäre aber kaum aufregend zu nennen, sehr viel eher langweilig, wenn es nicht mit der leuchtenden Euphorbie verschmelzen würde, dem Blau von *Caryopteris* und den hohen Ähren von *Perovskia*, die in Gestalt und Struktur einen schönen Kontrast zum Kiesweg bilden. Einen Fleck schneide ich früher zurück, sodass dort die Kiesdecke zum Vorschein kommt; so bilden sich neue Triebe und möglicherweise auch nochmals Blüten, bevor im November, oft aber auch früher, der Frost einsetzt.

Wie ein spektakulärer Fries erheben sich vor dem Hintergrund der frisch geschnittenen Hecke aus Leylandzypressen einige hoch aufgeschossene Gesellen: die Kardone, *Cynara cardunculus*, mit ihren großen braunen Distelköpfen und, inzwischen ebenfalls mit braunen Fruchtständen, *Lavatera cachemiriana*, die zuvor mit hellen wildrosenartigen Blüten besetzt war. Zwischen dem graublauen jungen Laub von *Eucalyptus gunnii* steigen die 2 m hohen Halme des Riesen-Federgrases, *Stipa gigantea*, auf, die im Sonnenlicht noch immer glänzen, ergänzt durch die kugelförmigen Köpfe des wilden Lauchs *Allium ampeloprasum*; die silbrig rosaroten Blüten sind inzwischen zwar verblüht, doch die graugrünen Fruchtstände heben sich silhouettenartig vom Hintergrund ab.

Zwei Formen des Ligusters (*Ligustrum ovalifolium*), gelbe und weiß panaschierte, leuchten in der nach Osten gehenden Gehölzrabatte, die die Auffahrt säumt; sie bilden eine gute Hintergrundkulisse, während man den Garten mit der Sonne im Rücken betrachtet, und greifen all die anderen Gelbtöne auf, die ins Auge fallen und das Bild aufhellen. Einige besonders hohe Königskerzen, die Blätter von *Salvia officinalis* 'Icterina', die jetzt wie Messing leuchten, die ausgeprägten vertikalen Konturen der gelb- und grün panaschierten *Agave americana*, das zartere und frischere gelbgrüne Laub von *Caryopteris* × *clandonensis* 'Worcester Gold' – alle diese Pflanzen betrachte ich voller Dankbarkeit, weil sie einem Bereich Farbe verleihen, in dem es uns kaum möglich wäre, immer wieder Einjährige einzusetzen.

Die Fackellilien stehen ein wenig zwischen den Jahreszeiten. Noch immer finden sich an *Kniphofia* 'Little Maid' vereinzelte cremegelbe Blüten, während sich die großen Keulen orangeroter Blüten von *K.* 'Prinz Igor' dramatisch vor der Hecke aus Leylandzypressen abzeichnen, obwohl der Pflanzabstand vom Fuß der Hecke etwa 3 m beträgt. Während der letzten sieben Jahre haben nur die robustesten Fackellilien mehrere strapaziöse Trockenperioden überlebt, darunter *K.* 'Prince Igor' und *K. caulescens*.

Gegenüber:
Sedum 'Herbstfreude' und *S.* 'Ruby Glow' bilden einen leuchtenden Farbfleck, um die „Möblierung" im Hintergrund – *Cistus, Ballota, Salvia* und *Euphorbia* – hervorzuheben; ihr kontrastierendes Blattwerk ergibt auch ohne Blüten ein schönes Bild. Die spät blühende Einjährige *Cosmos* 'Purity' entfaltet unablässig neue schalenförmige Blüten, bis der Frost dem Schauspiel ein Ende setzt.

GRAUE UND SILBERLAUBIGE PFLANZEN

Die Silber- und Grautöne wirken nie so weiß und intensiv wie um diese Jahreszeit, denn nachdem sie im Anschluss an die Blüte Ende Juni, Anfang Juli gründlich ausgeputzt wurden, treiben die Pflanzen neues Laub aus. Die meisten blühen im Frühling und Frühsommer; danach entfernen wir die alten Blütentriebe und schneiden die Pflanzen auf eine ansehnliche Form zurück, was die Bildung von glänzendem, frischem Blattwerk anregt. So haben dann die meisten bis September den ihnen zugestandenen Platz wieder ausgefüllt.

Obwohl ich für den Kiesgarten trockenheitsverträgliche Pflanzen ausgewählt habe, sehe ich immer wieder erstaunt und dankbar, dass sie überleben und sogar gedeihen, auch wenn ich ihnen keineswegs günstige Bedingungen bieten kann. Und doch sind es genau diese Bedingungen – lange, heiße Trockenperioden mit nur hin und wieder etwas Feuchtigkeit, gefolgt von kühleren Tagen im September –, die jene grauen und silbrigen Pflanzen gegen Ende des Sommers anregen, einzigartig schönes Laub zu entwickeln, das großenteils den ganzen Winter über dekorativ wirkt.

Grau- und silberlaubige Pflanzen tragen seidene, wollene und manchmal wächserne „Hemden", um ihre dünnen grünen Blätter vor Sonnenbrand zu schützen und die Transpiration zu reduzieren. Manche graulaubige Pflanzen verändern sich in grünlaubige, wenn keine Notwendigkeit mehr besteht, Wasser zu sparen – ein Indiz dafür, dass Pflanzen, die von Natur aus für trockene Bedingungen gerüstet sind, ihren spezifischen Charakter einbüßen, sobald man sie in niederschlagsreichen Gegenden oder an feuchte und schattige Stellen im Garten pflanzt.

So sehr ich die graulaubigen Pflanzen schätze, so bin ich doch der Überzeugung, dass sie als Kontrast unterschiedliche Partner brauchen. Zu viele graue Pflanzen nebeneinander können leicht wie ein Aschenhaufen wirken. *Ballota pseudodictamnus* ist zweifellos ein Star unter den Grauen. Aus einem verholzten Grund entwickeln sich lange gebogene Stängel, die mit runden filzigen Blätter bekleidet sind; jede Spitze bildet eine blasse Rosette, hübsch wie eine Blüte, vor allem wenn eine gut gewachsene Pflanze dicht mit Rosetten bepackt ist. In voller Sonne und an trockenen Standorten wird die Pflanze stark filzig und nahezu weiß. Die Blüten an sich sind winzige Fetzchen von Violett, versteckt in auffallend blassgrünen Bommeln unter jedem Blattpaar. Ich freue mich an ihrem Anblick. Deshalb fällt es mir auch immer wieder schwer, diese Blütenzweige zurückzuschneiden, aber Mitte Juni droht das verholzte Astwerk unter dem Gewicht auseinanderzufallen; zum Vorschein kommen bereits zahlreiche junge Schosse, die Luft und Raum zum Wachsen benötigen. Deshalb werden die Pflanzen bis auf ein Grundgerüst zurückgeschnitten, treiben aber innerhalb weniger Wochen wieder neues Laub aus, das den ganzen Winter über markante Akzente setzt.

Besonders bewährt haben sich *Helianthemum*, insbesondere wenn die toten verholzten Teile sorgfältig von unten herausgeschnitten werden. Genau um diese Zeit haben die gut entwickelten Pflanzen der Sorte *H.* 'Rhodanthe Carneum' (syn. *H.* 'Wisley Pink') wogende Horste kleiner ovaler Blätter gebildet, die wie aus blassgrauem Filz ausgestanzt wirken. Dahinter eine strauchige Pflanze namens *Helichrysum hypoleucum* mit weißlichen Stängeln und Blättern, von denen sich flache Köpfe winziger gelber Blüten abheben, die uns bis zum frühen Herbst erfreuen.

Die Pflanze vor mir hat frischgrüne pappelförmige Blätter ausgetrieben, die nun auch ohne den Fellmantel auskommen, der sie den Sommer über weiß erscheinen ließ. In meinem durchlässigen Boden wächst das Sonnenröschen robust und drahtig, würde aber strengen oder anhaltenden Frost kaum überleben.

Eine weitere Pflanze, die bei kühlerer, feuchterer Witterung ihr „Hemd" auszieht, ist *Anthemis punctata* subsp. *cupaniana*. Im Mai sind die niedrigen ausladenden Horste fein eingeschnittenen silbergrauen Laubs mit kreideweißen Margeritenblüten übersät, aber in den Hochsommermonaten, wenn kaum Feuchtigkeit verfügbar ist, kämpft die Pflanze darum, die stark reduzierten, kompakten Rosetten aschgrauer Blätter am Leben zu halten, ohne je aufzugeben. Anfang Oktober erscheinen dann große Partien mit hellgrünen, vor Gesundheit strotzenden Rosetten. Sie unterscheiden sich so sehr in der Wirkung, dass man kaum glauben kann, dass es sich um ein und dieselbe Pflanze handelt; aber wenn dann im folgenden Jahr Margeriten wie auf einer Wiese blühen und die Pflanzen wieder ihr silbergraues Hemd übergezogen haben, gibt es keinen Zweifel mehr.

An den steinigen Stellen dazwischen finden sich bereits die Sämlinge der einjährigen *Euphorbia stricta*, deren schaumige Blütenstände mit winzigen lindgrünen Blüten so frisch und frühlingshaft zwischen den Margeritenblüten aussehen, während sich eine weitere Einjährige, *Omphalodes linifolia*, ebenfalls bemerkbar macht, leicht erkennbar an ihren winzigen grauen Keimblättern.

Die graulaubigen und grünen *Santolina*-Arten wirken ziemlich überaltert. Sie haben auf den Rückschnitt im Juli ganz gut angesprochen; bei genauerer Betrachtung sehe ich, dass sie sogar aus ihren furchigen verholzten Stämmen neu austreiben. Es wäre daher herzlos, sie hinauszuwerfen, wo sie sich so abmühen. Ich werde auf jeden Fall die ersten Frühlingswochen abwarten und dann erst entscheiden, ob ich sie durch Jungpflanzen ersetze oder nicht. Aber manchmal ist es auch gut, etwas rigoroser vorzugehen.

Immer wieder werde ich gefragt, was mit den buntlaubigen Formen von *Salvia officinalis*, den purpur- oder gelbpanaschierten Salvien zu tun ist. Sie werden nach ein paar Jahren sehr sparrig. Dabei glaube ich, dass es sehr vom Standort abhängt. Zu viel Feuchtigkeit bekommt ihnen nicht. In leidlich gutem Boden, indem sie üppig austreiben, kann man sie zu Beginn des Frühjahrs zurückschneiden und sie gegebenenfalls in ihrem ausladenden Wuchs eindämmen. Selbst wenn sie gegen Winterende etwas traurig und zerzaust wirken, belauben sie sich wieder und bilden große Horste mit schönen samtigen Blättern. In meinem heißen Kies aber entwickeln sie nach einigen Jahren ein kahles sparriges Gewirr von Zweigen, die lediglich an den Spitzen belaubt sind. Und doch kann ich auch hier bei näherem Hinsehen neue Blättchen erkennen, die aus dem kahlen Holz hervorbrechen und einfach nicht aufgeben wollen. Aber die in Töpfen angezogenen Jungpflanzen sind so wuchsfreudig und wirken mit ihren größeren und schöner gefärbten Blättern so dekorativ, dass wir die sechs Jahre alten Büsche im kommenden Frühjahr mit Sicherheit ersetzen und den ausgezehrten Boden mit einem Eimer Kompost anreichern werden, um ihnen den Start zu erleichtern.

Zu den auffallendsten graulaubigen Pflanzen gehört zu dieser Jahreszeit der altmodische Woll-Ziest in der nicht blühenden Form, *Stachys byzantina* 'Silver Carpet'. Er gedeiht auf magerem Boden und hat seine samtigen Blätter weit ausgebreitet, wo die meisten Pflanzen bereits vor Jahren aufgegeben hätten. Die blühende Form *S. b.* 'Cotton Boll' verdankt ihren Namen wohl den winzigen Blüten, die in runden Bällchen an endständigen, steif aufgerichteten Stängeln stehen; in ihrer weißen wolligen Hülle, in der sie schier verschwinden, erinnern sie mich an die Baumwolle, die ich in North-Carolina gesehen habe. Wir schneiden Bündel davon, wenn sie ganz weiß sind, und hängen sie zum Trocknen auf für Blumenarrangements. *S. b.* 'Primrose Heron' tritt, ebenso grau wie der Rest, während der trockenen Monate fast gänzlich zurück, aber nun zeigen die Blätter bereits eine zitronengelbe Tönung, die im Lauf der Wintermonate bis zum Frühjahr noch leuchtender wird. *S. b.* 'Big Ears' entwickelt noch größere Blattrosetten als sämtliche anderen Sorten, wirkt aber mit seinem weniger dichten Pelz eher grau als silbern; dennoch mag ich seinen kräftigen robusten Wuchs, der selbst Stellen, die nur schwer zu bepflanzen sind, ansprechend aussehen lässt. Während ich hier auf meinem kleinen Klappstuhl sitze, kommt David Ward vorbei und erzählt mir, dass in seinem eigenen Garten die Spatzen die graulaubigen Pflanzen für ihren Nestbau stibitzten. Es ist mir bei uns noch nie aufgefallen. Vielleicht sorgen die Vögel damit aber auch für den natürlichen Ausgleich, der den Pflanzen zugutekommt! Bemerkt habe ich aber schon, dass sich die Spatzen ganz geschickt Weißlinge als Futter für ihre Jungen schnappen – David bestätigt, dass sie selbst in unseren Folientunneln Jagd auf die Weißlinge machen.

GLANZLICHTER SETZEN

So viele weiche, wollige Elemente verlangen nach Akzenten, wie sie verschiedene *Yucca*-Arten einbringen. Ihre dramatische Wirkung entfaltet sich allerdings nicht über Nacht. Es hat einige Jahre gedauert, bis die einzelnen Pflanzen von *Yucca recurvifolia* mehrere Blattschöpfe bildeten; inzwischen stellen sie aber in der Mitte eines meiner Inselbeete unter der Fontäne locker herabfallender Zweige eines jungen Aetna-Ginsters, *Genista aetnensis*, eine ansehnlich kompakte Gruppe mit dunkelgraugrünen, schwertförmigen Blättern dar. In einem anderen Inselbeet flankieren zwei verschiedene Yuccas den hohen bleistiftschlanken Wacholder *Juniperus scopulorum* 'Skyrocket'. Eine von ihnen, die langsam wachsende *Yucca gloriosa* 'Variegata', treibt zu dieser späten Zeit ihren stämmigen Schaft mit herrlichen Blütenknospen in die Höhe, jede Blüte in ein länglich spitz zulaufendes mahagonifarbenes Futteral gehüllt. Ihr wird kaum Zeit bleiben, die elfenbeinfarbenen Glocken zu entfalten, bevor der Frost einsetzt; was aber noch betrüblicher ist: Die hübsche gelbe Laubrosette, aus der der Blütenschaft aufsteigt, stirbt nach der Blüte ab. Aber dankbar sehe ich, dass drei weitere junge Schöpfe von der Basis her austreiben. (Eine weitere Jungpflanze an anderer Stelle treibt ebenfalls einen Blütenschaft aus, hier aber sind keine neuen Rosetten zu sehen. Ich frage mich, was aus ihr wird. Auf jeden Fall werde ich sie stehen lassen, in der Hoffnung, dass im nächsten Jahr doch noch etwas geschieht.) Bei der anderen *Yucca* dürfte es sich um eine Form von *Yucca flaccida* handeln. Fest steht, dass es keine *Y. gloriosa* ist, die anderswo in unserem Garten ungleich größer wird und riesige Stämme mit grandiosen, bis zu 2 m hohen Laubkronen aus steifen, gefalteten Blättern bildet. Diese Pflanze zeigt indes keinerlei Ansatz, vergleichbar dicke, verholzte Stämme zu entwickeln, bildet aber eine kompakte Gruppe von Rosetten auf Bodenhöhe.

Seite 108/109:
Im Spätsommer löst dieses vielstängelige, leicht träge wirkende Bild den üppigen Wuchs und die wogende Farbenpracht vorangegangener Monate ab. Der Kiesboden ist ausgedörrt, die Luft staubtrocken. Nur was robust genug ist, kann sich behaupten: Fruchtstände, Gräser und tief wurzelnde Stauden oder solche mit Knollen wie *Nepeta tuberosa* im Vordergrund. Nach einer extrem heißen Periode hörten wir einen älteren Botaniker sagen: „Wie am Mittelmeer sieht es hier aus, und genauso riecht es auch."

Später ergibt sie einen einzigartigen Hintergrund für die duftige Kulisse aus *Verbena bonariensis*, die warmen schokoladenbraunen Blätter und Fruchtstände von *Sedum telephium* subsp. *maximum* 'Atropurpureum' und die blassvioletten, mit sternförmigen Augen besetzten Dolden von *Tulbaghia*, deren Blüten über Monate erscheinen und sich dekorativ mit den Verbenen verweben.

Sehr imposant wirken zwei mächtige, ausladende Pflanzen links und rechts des Kieswegs, der in dem ruhigen Bild dieser Landschaft inzwischen ebenso zum Blickfang wird wie die gesamte Vegetation. Auf der einen Seite ist es der silberlaubige Strauch *Atriplex halimus*, der im Lauf des Gartenjahrs mehrmals in Form geschnitten wurde und nun mit blassen, wie mit Lack überzogenen Blättern besetzt, als schimmernde Kuppel von etwa 1,5 m Höhe und Durchmesser nicht zu übersehen ist. Gegenüber erhebt sich *Melianthus major*, eine ungeheuer üppig wirkende Pflanze zum Ausklang der Jahreszeit. Immer wieder zieht sie mich in ihren Bann, denn sobald sie richtig eingewachsen ist, bildet sie eine der schönsten Laubpflanzen für den Garten. Von meinem kleinen Angelhocker aus betrachte ich einen gut entwickelten Horst von nahezu 1,5 m Höhe und noch größerer Breite, der um die fünfzig Zweige mit großen, fein gefiederten Blättern und scharf gezähntem Rand hervorgebracht hat, die im reifen Zustand nahezu blaugrün sind; wenn sie sich aus den langen, blassen Hüllblättern entfalten, die die dicken Stämme umfassen, leuchten sie zart erbsengrün. Die ausgewachsenen Blätter hängen bogenartig über, als ob sie den nachfolgenden jungen Platz machen wollten. So erscheint die ganze Pflanze wie eine einzige Symphonie aus Bögen, Licht- und Schatteneffekten, deren Wirkung noch gesteigert wird, wenn Wassertropfen wie Diamanten entlang der Adern funkeln. Die Pflanze stammt aus Südafrika und ist in kalten Böden und rauem Klima nicht zuverlässig winterhart; hier in meinem Garten behauptet sie sich aber seit Jahren im gut durchlässigen Kies. Sie muss wohl über ein sehr tiefreichendes Wurzelsystem verfügen, um nach Monaten mit kaum nennenswerten Niederschlägen ein derart beeindruckendes Schauspiel abgeben zu können. In den letzten milden Wintern hatten wir kaum Frost, der ihrem Laub hätte schaden können, aber ich schneide die alten Zweige im Frühjahr gern zurück, um den Austrieb von frischem, vollem Laub zu fördern. Lässt man sie stehen, dann bilden sich am Austrieb des Vorjahrs unschöne, keulenförmige Blütenstände mit kleinen schokoladenbraunen Blüten, auf die ich gern verzichte, zumal in Begleitung der unansehnlichen Zweige im Frühjahr. Der Platz, der nach dem Rückschnitt frei wird, ist mit Frühlingszwiebeln überzogen, welche die oberen Schichten des Bodens nutzen, ohne durch die *Melianthus*-Wurzeln gestört zu werden, die sehr viel tiefer liegen.

GUTE PARTNER

Entlang der Auffahrt zu meinem Haus, wo der Boden etwas besser ist und ein Teil des Geländes nachmittags im Schatten einer alten Eiche liegt, freue ich mich am harmonischen Bild einer Rose und einer Clematis. Die Rose ist eine Wildform der in der Natur vorkommenden Bibernell-Rose, *Rosa spinosissima*. Nach der Lektüre von „Shrub Roses of Today", einem Buch des großen Rosenexperten Graham Stuart Thomas über neuere Strauchrosen, meine ich, dass es sich seiner Beschreibung nach um *R. spinosissima* 'Falkland' handeln müsste. Was mir hier zugutekommt, ist ihre Toleranz gegenüber mageren, sandigen Böden und ihre Fähigkeit, ein dicht verzweigtes Gerüst zu bilden, das sich als Stütze für Kletterpflanzen eignet. Weniger begrüßenswert mag sein, dass die Rose Ausläufer bildet, was mir aber angesichts ihrer reizvollen Erscheinung und der leichten Handhabung kein Kopfzerbrechen bereitet. Wenn man im Frühjahr rechtzeitig mit einem Spaten den Umkreis des Hauptwurzelballens umsticht, lassen sich die „Wanderer" leicht entfernen. In Töpfe gesetzt, wurzeln sie so rasch ein, dass wir Besucher, die den Busch Anfang Juni in Blüte sehen und sich kaum davon trennen können, nicht mit leeren Händen wegschicken müssen. Größte Bewunderung erregen immer wieder die nach innen gewölbten, halbgefüllten Blüten, deren blasses Rosa sich mit einem Stich ins Lilaviolett sehr schön von den unzähligen, winzigen graugrünen Blättchen abhebt, die so dicht stehen, dass man nicht durch den Busch hindurchsieht. Im September sind die Rosen längst verblüht, aber bei genauerem Hinsehen erkennt man die an Schwarze Johannisbeeren erinnernden Hagebutten, gleichermaßen rund, schwarz und glänzend. Hier werden sie teilweise von Clematis 'Étoile Violette' verdeckt. Die Waldrebe treibt jedes Jahr von neuem aus unterirdischen Schossen aus und wirft ihre langen Triebe wie eine zum Trocknen aufgehängte, mit samtig tiefvioletten Blüten bestickte Bettdecke über die Rose. Die überhängenden Triebe reichen bis auf den Boden und verflechten sich mit dem blassgrauen, filigranen Laub von *Artemisia absinthium* 'Lambrook Mist' (vermutlich einer verbesserten Auslese von *A. a.* 'Lambrook Silver'), das im Spätsommer und Herbst, wie bei vielen graulaubigen Pflanzen, am schönsten wirkt. (Um die Bibernell-Rose zu entlasten, haben wir nun als Stütze für die Waldrebe eine hohe Pyramide aus selbstgezogenen Bambusstöcken geschaffen.) Als ob sie sich gegenseitig anstupsen wollten, wachsen in die große, silbrig gefiederte Gestalt von *Artemisia* die neu bestockten Horste von *Euphorbia epithymoides*. Es fiel uns nicht leicht, sie Ende Juni zurückzuschneiden, nachdem wir Samen gesammelt hatten, aber trotz des trockenen Wetters im Juli und August haben sie sich prächtig entwickelt (ohne Anzeichen von Mehltau) und lassen bereits frische gelb-grüne Hochblätter erkennen. Diese greifen das Gelb von *Origanum* 'Norton Gold' am Saum des Kieswegs auf, wobei die überhängenden Triebe der Waldrebe, sowohl mit ihren Blüten als auch den seidig grünen Fruchtständen, das reich gemusterte Bild auf Bodenhöhe fortsetzen. *Perovskia* 'Blue Spire' mit ihren weißfilzigen Zweigen und langen, verzweigten lavendelblauen Blütenähren erhebt sich als duftige Kulisse und bildet einen Kontrast in der Form, während sich farblich das Violett der Waldrebe in zarterer Tönung wiederholt.

Neu hinzugekommen ist erst in diesem Frühjahr der kontrastierende Farbfleck im Vordergrund dieser Gruppe mit der neu eingeführten *Gaura lindheimeri* 'Siskiyou Pink'. Bis jetzt scheint sie mit etwa 45 cm Höhe zwar etwas kurzstängeliger als die weiße Sorte zu sein, aber die aus mehreren Exemplaren bestehende bogenförmig gepflanzte Gruppe macht sich mit ihrem Hauch von Rosa besonders hübsch an dieser Stelle. Die drahtig dünnen Stängel mit ihren schlanken, lockeren Blütenkerzen wiegen sich bei jedem Windhauch. Die vier Blütenblätter sind an den Rändern nahezu weiß und zur Mitte hin intensiv rosaviolett. Trotz ihrer Zartheit sind die an aufgeregt flatternde rosa Schmetterlinge erinnernden Blüten in größeren Gruppen eine Augenweide.

Gleich einem geschwungenen Rahmen umgibt diese große gemischte Gruppe ein breiter Streifen dicht gedrängt wachsender Bergenien, *B.* 'Mrs Crawford', die allmählich ihre warme Herbstfärbung annehmen, während neben dem Band aus *Gaura* die zartgrünen und lohfarbenen fedrigen Grannen von *Stipa calamagrostis* aufsteigen. Die Rückseite der Rabatte an der Zufahrt zum Haus ist schlichter bepflanzt – sie enthält weniger und großflächiger verwendete Arten. Der große Bergenienbogen setzt sich im Hintergrund von *Rosa spinosissima* 'Falkland' fort, bis er auf ein riesiges Exemplar von *Helleborus* × *sternii* 'Broughton Beauty' stößt, das mit etwa fünfzig Stängeln von der Mitte her auseinanderzufallen beginnt. Die bereits tief stehende Nachmittagssonne hebt die purpurviolette Färbung der Stängel und Blattstiele hervor, während die dunklen, klauenartigen, ledrigen Blattbüschel den endständigen Blütenknospen im Winter Schutz bieten. Große Flächen von *Vinca minor* 'La Grave' (ein zwergwüchsiges, üppig blühendes Immergrün) und der aromatisch duftende Storchschnabel *Geranium macrorrhizum* 'Album' haben den Boden bedeckt und dienen einer Vielzahl von Herbstzeitlosen (*Colchicum*) als Stütze. Die meisten haben ihren Höhepunkt Ende September bereits überschritten, aber noch immer erscheinen einige, um uns in den Oktober zu begleiten. Herbstzeitlose kommen in der Natur auf den Hochalmen vor, auf denen die Hirten im Sommer ihr Vieh weiden lassen; auf diesen kurz gehaltenen Grasflächen erscheinen im Herbst die Blüten von *Colchicum*. Obwohl sie oft als Herbstkrokusse bezeichnet werden, handelt es sich keineswegs um Krokusse. Sie werden inzwischen einer eigenen Familie, den Colchicaceae zugeordnet, während die Krokusse zur Familie der Irisgewächse gehören (s. Plan Seite 28/29 zur Bepflanzung dieses Inselbeets).

VOLLER ERWARTUNG

Noch lassen die größeren *Sedum*-Arten auf sich warten – genauer gesagt, sie sind schon seit Wochen, seit dem Spätsommer, im Kommen, insbesondere Formen von *S. spectabile*. Mit freudigem Interesse verfolge ich jedes Stadium der Entwicklung dieser Blütenpflanzen. Anfangs sind die Knospen an den großen, flachen oder kuppelförmigen Blütenständen wachsartig blass grau-grün, bis sie sich wandeln und an Weizenkörner erinnern; dann ist jener Stich Rosa erkennbar, der sich mehr und mehr durchsetzt, bis ihre voll entfalteten Blüten den Herbstgarten in intensives Rosa, Purpur oder Ziegelrot tauchen. Schon machen sich Wildbienen auf der Suche nach Nektar über die allmählich aufgehenden Blüten von *Sedum* (Herbstfreude-Gruppe) 'Herbstfreude' her, während ganz in der Nähe die blauen Blüten von *Caryopteris* × *clandonensis* 'Arthur Simmonds' von ihrem Summen erfüllt sind. Der ganze Kiesgarten ist belebt von einem Heer von Insekten, das sich an der duftenden Ernte labt, die in der warmen Sonne ein noch intensiveres Aroma verströmt. Eine Pflanze, mit der ich noch keine Erfahrung habe, ist *Salvia* 'Indigo Spires'. Wochenlang hat sie keinerlei Anzeichen von Stress gezeigt; ihre vierkantigen Stängel sind in dunkle, matte Blätter gehüllt, darüber lange, dicke Kerzen mit dicht besetzten, nahezu marineblauen Kelchen, aus denen sich lebhafte violettblaue Lippenblüten entfalten. Die dunklen, wie an einem Faden aufgereihten Kelche wirken auch noch ansehnlich, wenn die Blüten weiter unten schon verblüht sind. Und schließlich gibt es oben noch die Spitzen mit vielversprechenden Knospen, die sich schon bald öffnen. Inzwischen etwas vertrauter mit der Pflanze, würde ich sie als frostempfindlich einschätzen. Dieses einzelne Exemplar hebt sich wirkungsvoll von dem interessanten bronzefarbenen und graugrünen Laub von *Euphorbia epithymoides* 'Candy' ab und einem Teppich aus süß nach Zitronen duftendem *Thymus herba barona*, der sich kriechend in den Weg hinein ausbreitet. Den entsprechenden Hintergrund bilden die aufrechten jungen Zweige von *Cistus* 'Peggy Sammons', die die vertikalen Linien wiederholen. Erneut musste ich überrascht feststellen, dass einige Zistrosen während der Hitzewelle des Jahres 1995 verbrannten. Ich glaube, die Pflanzen entwickelten infolge der großzügigen Kompostgaben bei der Pflanzung, gefolgt von einem extrem feuchten Winter, eine übermäßige und für sie unnatürliche Wuchsfreude. Es ging zwar keine ein, aber hier und da starben Äste ab. Wir schnitten sie sorgfältig zurück, nahmen die strapazierten Zweige heraus und kürzten die anderen ein, um die gesamte Größe leicht zu reduzieren und ihr zu helfen, den Stress zu mindern, falls er wieder auftreten sollte. Bei 'Peggy Sammons' lassen sich zu lange und alte Teile leicht ausschneiden, denn sie entwickelt eine Unmenge Jungtriebe, die sich den strapaziösen Bedingungen anpassen. Ein weiterer niedriger Bodendecker, der nicht nur äußerst brauchbar ist, sondern auch sehr reizvoll, ist *Leptinella potentillina*, mir unter der Bezeichnung *Cotula potentilloides* sehr viel vertrauter. Sie lässt sich selbst von anhaltender Trockenheit nicht im Geringsten beeinträchtigen, sondern bildet einen flachen Teppich grüner und bronzefarbener, farnartig gefiederter Blättchen auf dem Kies. Über diesem flachen Bodendecker steigen schöne Vertikalen auf. Als Erstes die eher kleine *Diplarrhena moraea* mit hübschem binsenartigem Laub, die im Hochsommer bereits einzigartig geformte, dreiteilige weiße Blüten entfaltet, während *Galtonia viridiflora* mit sehr viel größeren, riemenförmigen Blättern und 75 cm hohen Stängeln über einer riesigen Rosette der außergewöhnlich großblättrigen Bergenie *B.* 'Ballawley' ihre blassgrünen Glocken baumeln lässt. Rundum vorwiegend Grüntöne, und doch ein in meinen Augen sehr reizvolles Bild. Unmittelbar dahinter nehmen die Köpfe von *Sedum spectabile* 'Brilliant' allmählich Farbe an, die sich auf Bodenhöhe in den zart mauvefarbenen Blüten von *Thymus* 'Doone Valley' wiederholt. Sie erscheinen so üppig, dass das grün- und gelbpanaschierte Laub nahezu verdeckt wird. Eine Augenweide verspricht aber auch *Caryopteris* × *clandonensis* 'Heavenly Blue' zu werden, die Form, die das dunkelste Blau zeigt, im Augenblick aber noch keine Farbe erkennen lässt, während die Blüten des aus Japan stammenden Grases, *Miscanthus sinensis* 'Yaku-Jima' (syn. *M. yakushimensis*) in Schulterhöhe erscheinen und uns in den Winter begleiten werden, wenn die ganze Pflanze, ausgebleicht wie fahles Stroh, die Strahlen der untergehenden Sonne im Westen einfängt.

Oben:
Sedum telephium subsp. *ruprechtii*

Unten:
Sedum spathulifolium 'Cape Blanco'

Gegenüber:
Oben links:
Sedum telephium subsp. *ruprechtii*

Oben rechts:
Sedum spurium 'Atropurpureum'

Unten links:
Sedum spectabile 'Brilliant'

Unten rechts:
Sedum spurium 'Tricolor'

ZUVERLÄSSIGE SEDUM

Bescheidene Pflanzen bedeuten mir oft so viel wie ihre imposanten Nachbarn. Drängen sich nämlich zu viele Stars auf ein und demselben Fleck, werden sie leicht unverträglich; neutrale Bereiche dazwischen schaffen Frieden. Als besonders friedvolles Element haben sich die verschiedenen *Sedum* erwiesen, zumal sie mageren Boden benötigen, zuverlässig gedeihen und nahezu das ganze Jahr über attraktiv sind. Nur wenige krautige Pflanzen können sich darin mit ihnen messen. Die meisten Pflanzen, insbesondere jene mit spektakulären Blüten, wirken oft nicht einmal einen Monat lang dekorativ; ich denke an so beliebte Schönheiten wie die Garteniris, Lilien oder den exotischen Türkischen Mohn. An einem stillen Junimorgen mag uns zwar vor Staunen der Atem stocken, wenn sie ihre seidigen oder samtenen Blütenblätter entfalten oder den flüchtigen Zauber ihrer Regenbogenfarben präsentieren, und doch ist ihr Gastspiel, wenn Wind und Regen ihnen zusetzen, nur von kurzer Dauer.

Auf schweren, feuchten Böden neigen *Sedum* zum Faulen oder zur Bildung langer, staksiger Triebe, denn sie sind an Trockenzustände optimal adaptiert. Sie verfügen über dicke, fleischige Blätter, die Wasser speichern, wobei viele mit einem schützenden Wachsüberzug versehen sind. Ich bin froh über so viele verschiedene *Sedum*-Arten, die in Sand- und Kiesboden gedeihen und Trockenperioden überstehen. Allerdings muss ich zugeben, dass damit wohl auch jene Grenze erreicht ist, die die größeren krautigen *Sedum*-Arten noch hinzunehmen bereit sind. Anhaltend hohe Temperaturen bei nur spärlichen Niederschlägen können ihnen leicht zu viel werden, zumal wir ja nicht gießen. Und doch scheinen sie bis jetzt, nach sieben Jahren im typischen Essex-Sommer, bestens angepasst; sie bilden kompakte, üppig blühende Pflanzen, während sie anderswo im Garten in nährstoffreicherem, feuchterem Boden größer werden und schwerere Blüten entwickeln, sodass sie oftmals unschön auseinanderfallen.

In größeren Gruppen gepflanzt (schon eine einzelne Pflanze kann dekorativ wirken) leuchten ihre Fruchtstände in beeindruckend intensiven Farben zwischen den vielen gedämpften Tönen des Winters. So zieren sie den Bereich, bis wir sie im Februar zurückschneiden, um Platz zu schaffen für die jungen Triebe, die auf Bodenhöhe austreiben. Ab März wirkt die Pflanze in jedem Entwicklungsstadium reizvoll, denn sie bildet rasch große kuppelförmige Horste, in Farbe und Struktur an Jade erinnernd; glatt wie Eis sind sie ein wirkungsvoller Kontrast zum wolligen Laub der Eselsohren (*Stachys byzantina* 'Silver Carpet') und den filzigen Blättern von *Ballota pseudodictamnus*, während sich Frühlingszwiebelblumen wie *Scilla* und *Chionodoxa* wie blaue Seen zwischen ihnen ausgesät haben. Im Hochsommer schätze ich die großen, kuppelförmigen Köpfe aus jadegrünen Knospen ebenso wie später die entfalteten Blüten, die den Raum förmlich mit Farbe überfluten. *Sedum spectabile* 'Meteor' und 'Brilliant' gehören gleichermaßen dazu wie die kühle weiße Fetthenne *S.* 'Iceberg'. Alle sind im Spätsommer und frühen Herbst vom Summen der Bienen erfüllt. Die bekannte Fetthenne *Sedum* (Herbstfreude-Gruppe) 'Herbstfreude', eine Kreuzung zwischen *S. spectabile* und *S. telephium*, scheint mit ihrem Ziegelrot (ohne Violettstich, den nicht jeder mag) Bienen wie Besucher anzuziehen.

Oben:
Sedum (Herbstfreude-Gruppe) 'Herbstfreude' im Winter

Unten: *Sedum aizoon* 'Euphorbioides'

Sedum 'Matrona' habe ich aus einer Staudengärtnerei in Freiburg im Breisgau mitgebracht – der Besitzer, Ewald Hügin, ein ausgezeichneter junger Pflanzenzüchter, hat sie aus einem Satz Sämlinge selektiert und benannt. Die dunklen, aufrechten Stängel, die 60–76 cm hoch oder höher werden, sind von fleischigen purpurviolett und grau überlaufenen Blättern umgeben. Im August tragen sie große, flache Blütenstände mit blass rosaroten Blüten – eine Kombination, die nahezu jeden Gartenbesucher in ihren Bann zieht. Im Spätherbst und Winter, wenn die Blätter abgefallen sind, schätze ich die Wirkung der dunklen Fruchtstände zwischen den vielen gedämpften Tönen. Die Fruchtstände der *Sedum* fallen, je nach Blütenfarbe ganz unterschiedlich aus; so sind sie bei *Sedum spectabile* 'Iceberg' beige, während andere von warmem Karamell bis zu den dunklen Tönen von Kaffeesatz reichen. *Sedum* 'Joyce Henderson' ist in der Erscheinung ganz ähnlich, unterscheidet sich aber durch etwas gewölbtere Blütenköpfe und neigt dazu, auseinanderzufallen, während *S.* 'Matrona' seinen kompakten, aufrechten Wuchs beibehält. (Soeben kommt mir in den Sinn, dass *S.* 'Joyce Henderson' in nährstoffreicherem Boden steht und vielleicht in magereren Boden versetzt werden sollte, bevor ein unfaires Urteil gefällt wird). Ich habe aus verschiedenen Quellen unterschiedliche Formen von *S.* 'Joyce Henderson' erhalten. Offenbar zeigen aus Samen gezogene Pflanzen leichte Abweichungen. Manchmal habe ich das Gefühl, dass Nachkommen einer Art, die sich nur geringfügig voneinander unterscheiden, als „neue Sorten" eingeführt werden, was lediglich für Verwirrung sorgt. Aber wir können alle ja das auswählen, was uns am besten gefällt, und die anderen ignorieren!

Zu den erst kürzlich eingeführten Neulingen gehört *S. telephium* subsp. *ruprechtii*, eine hervorragende Pflanze für volle Sonne und jeden Boden, der nicht staunass ist. Es ist eine kleinere, dichtere Pflanze als *S.* 'Matrona', aber mit ähnlich zinnfarbenem Laub. Etwa vierzehn Tage vor der Zeit entfaltet sie aus rosafarbenen Knospen überraschend cremegelbe Blüten, die zu rötlichbraunen Fruchtständen reifen. Die Pflanze fasziniert mich vom Frühjahr bis zum Herbst. Wie bereits erwähnt, wird die aus Sibirien stammende Fetthenne *Sedum populifolium* oft zu Unrecht übergangen. Im Gegensatz zu den mir bekannten „Artgenossen" bildet sie einen kleinen buschigen Horst aus verholzten, vielfach verzweigten Stängeln, die mit hellgrünen, pappelförmigen, tief eingeschnittenen Blättern bedeckt sind. Im Spätsommer sind sie mit lockeren Büscheln kleiner rosafarbener und weißer Blüten überhäuft, die wie Weißdorn duften. Die dunklen schokoladenbraunen *Sedum* stellen zwischen den grauen und silbrigen Pflanzen einen unschätzbaren Kontrast dar. *Sedum telephium* subsp. *maximum* 'Atropurpureum' wirkt mit seinen stämmigen dunklen Stängeln und den kräftigen fleischigen Blättern, die rotbraun wie Schokolade bereift sind, vom Frühjahr bis zum Herbst höchst ausdrucksvoll, ist aber auf gut durchlässigen Boden angewiesen, um nicht zu faulen. Im Spätsommer erscheinen die flachen, über und über mit sternförmigen Blütchen in einer Kombination aus Rosarot und Braun besetzten Blütenteller. Als mich eine Malerin neulich bat, ihr doch einen Herbststrauß für ein Stillleben zusammenzustellen, habe ich auch diese schwarzbraunen Triebe und Fruchtstände von 'Atropurpureum' eingebunden. Beim Anblick der scheinbar faden, flachen Blütenköpfe war sie hoch erfreut:

Die warmen Farbschattierungen, zwischen undefinierbarem Braun und Schwarz changierend, verliehen ihrem Bild genau jene Substanz, die zur Abrundung fehlte. *Sedum telephium* 'Möhrchen' ist eine ausgezeichnete Variante von 'Atropurpureum'; die kurzstieligeren, kompakteren Pflanzen tragen intensiv schokoladenbraune Blätter, die im August nahezu verschwinden unter den dichten Köpfen aus dunklen Knospen, aus denen sich die cremerosa Blüten entfalten; beim Verblühen färben sie sich intensiv korallenrot, was einen schönen Kontrast zu dem dunklen Laub ergibt.

Eine alte Sorte, auf die ich erst neulich gestoßen bin, ist *Sedum* 'Munstead Red'. Purpurviolett gefleckte Stängel mit blaugrauen Blättern tragen ausladende, flache Köpfe mit himbeerroten Blüten, die sich Mitte August entfalten. Unmengen neuer Triebe mit ungeöffneten Knospen erscheinen von unten an in den Blattachseln entlang der Stängel, um bis tief in den Herbst ihr anhaltendes Schauspiel zu geben. Von Ende September bis in den Oktober hinein wirken die Pflanzen wie glühende Kohlen in ihren zahlreichen Rotschattierungen, angefangen bei den leuchtenden Tönen der frisch entfalteten Blüten bis zu dem tiefen Bronzeton der reifen Fruchtstände.

Im Spätsommer können manche dieser krautigen *Sedum* mit Kokons eines spinnwebartigen Materials umwickelt sein – Schutz und Brutstätte für Unmengen winziger, darin eingeschlossener Raupen, die Blatt für Blatt verschlingen, wenn wir sie nicht rechtzeitig absammeln. Bei einem abendlichen Besuch einer Gesellschaft der Nachtfalterfreunde stellte sich (zu deren großer Freude) heraus, dass es sich um Larven eines in Essex höchst seltenen Nachtfalters handelt, der sogenannten *Yponomeuta sedella*. Offenbar wurden diese Larven in der Umgebung von Witham um 1860 als stark verbreitet beschrieben, aber auch in Colchester sind sie 1908 belegt. Man mutmaßte, dass sie sich von *Sedum telephium* ernährten. Danach gab es keine weiteren Belege, bis 1985 ein einzelner Falter in Saffron Walden auftauchte und ein weiterer 1989 in Colchester – so der hier ansässige Brian Goodey, dem ich für diese Information Dank schulde. Er vermutet überdies, dass dieser Nachtfalter in Essex durchaus stärker verbreitet sein könnte, wenn erst einmal die Gartenpflanzen darauf hin untersucht würden – wir bräuchten also kein allzu schlechtes Gewissen zu haben, wenn wir zur Erhaltung der Pflanzen Insektizide sprühen müssten. Normalerweise verwenden wir, wenn möglich, keine, aber bei schwerem Befall kommen rasch wirksame Mittel zum Einsatz. Dabei geht es uns nicht um die Ausrottung dieser Kreatur, aber Eindämmung tut Not. Weil die kleinen *Sedum* oder Mauerpfeffer in den großen Pflanzungen des eigentlichen Kiesgartens leicht untergehen würden, habe ich sie in die kleinen Kiesbeete beim Haus gesetzt (s. Seite 172–174).

DER REICHE TEPPICH DES HERBSTES

Seite 118:
Zu den Hauptdarstellern des Herbstes gehören die Gräser. Ihre lohfarbenen Halme vermitteln selbst an trüben Tagen den Eindruck von Sonnenlicht. *Calamagrostis × acutiflora* 'Karl Foerster' hat einen aufrechten, säulenartigen Wuchs und bildet somit ein unübersehbares optisches Gegengewicht zu den zarten, fedrigen Blütenständen von *Stipa calamagrostis*, die sich darunter zu verneigen scheinen. Dieses wogende Bild entstand, nachdem ein Sturm im Hochsommer durch die noch nicht ausgereiften Blütenstände gefegt war. Wir schnitten die gebrochenen Halme zurück und binnen kurzem trieben die Gräser erneut aus – die Balance war gerettet.

Wenn ich an Herbst- und Winterabenden durch das Gartentor fahre und aussteige, um es hinter mir zu schließen, kann sich mein Blick kaum von dem Bild lösen, das sich mir im Scheinwerferlicht bietet. Eine Vielfalt an Formen und Strukturen heißt mich willkommen. An windstillen Oktobermorgen sitze ich im gedämpften Sonnenlicht gedankenverloren auf meinem kleinen Angelhocker und betrachte staunend die vielen violettroten Beerchen, die zwischen den kleinen Blättern eines niedrigen immergrünen Buschs, *Lonicera pileata*, stecken. Sie wären kaum wahrnehmbar, würde man sie nicht ganz gezielt suchen, aber einmal entdeckt, zeigen sie eine überaus reizvolle Farbe; und wenn das Licht hindurchfällt, schimmern sie wie Glasperlen.

An dieser Stelle habe ich einst sieben bis zehn Bergenien im Abstand von etwa 30 cm gepflanzt, die inzwischen eine riesige Kolonie gebildet haben. Als ich anfing, in größerem Maßstab als gewohnt zu pflanzen, musste ich zuerst einmal lernen, dass auf die Länge betrachtet, alles sehr viel kürzer wirkt. In einer langen Rabatte bedarf es einer weitaus flächigeren Bepflanzung, damit von weitem nicht nur Punkte, sondern großzügige Gruppen erkennbar sind. Inzwischen beherrschen die Bergenien den Rand der Rabatte, wie mächtige, vom Wasser rund geschliffene Flusskiesel in modernen Gartengestaltungen. Strotzend vor Wuchsfreude täuschen sie im Oktober über den mageren Boden hinweg, den sie bedecken. Als Kontrast zu ihren großen Rosetten aus glänzenden Blättern verwende ich das bescheidene Geißblatt mit seinem schimmernden buchsartigen Laub und den verborgenen purpurvioletten Beeren. In besserem Boden wird dieser Strauch wesentlich höher und voller, hier erreicht er lediglich 50 cm. Ursprünglich erhob sich im Hintergrund *Phlomis russeliana*, deren quastenartige Fruchtstände dieser Gruppe den ganzen Winter über Höhe verliehen, aber die letzten heißen und trockenen Sommer waren zu viel für diese Pflanze. Wir ersetzten sie durch *Artemisia pontica*, die mit ihrem filigranen Laub im Sommer und Herbst den unteren Bereich des schönen, steil aufgerichteten Grases *Calamagrostis × acutiflora* 'Karl Foerster' umgibt. Den Höhepunkt dieser Gruppe stellt *Juniperus scopulorum* 'Skyrocket' dar, während die ledrig grüne Zistrose, die filzig belaubte *Brachyglottis* (Dunedin-Gruppe) 'Sunshine' (syn. *Senecio* 'Sunshine') sowie die allgegenwärtige *Euphorbia characias* subsp. *wulfenii* über weite Flächen den Hintergrund ausfüllen.

Wenn ich den Blick über mein trockenes Flussbett schweifen lasse, scheint die Sonne die Herbstfärbung zu unterstreichen und die gedämpften Farben der Pflanzen, die uns durch den Winter begleiten, in warmes Licht zu tauchen. Im Vordergrund bildet eine schön entwickelte Gruppe *Agapanthus* 'Isis' ein sonnensprühendes Farbenspiel – die riemenförmigen Blätter, die nun in den unterschiedlichsten Rahmgelb-Schattierungen leuchten, heben sich wirkungsvoll von den teppichbildenden Pflanzen wie *Helianthemum* und den an Seesterne erinnernden, kriechenden Trieben der Walzen-Wolfsmilch, *Euphorbia myrsinites*, ab.

Dahinter erstreckt sich ein Inselbeet, das den Fahrweg zu meinem Haus säumt. Hier ist der Boden etwas besser, nicht ganz so steinig, und wenn die Sonne im Hochsommer im Zenit steht und wochenlang Trockenheit herrscht, spenden zwei alte Eichen der Vegetation etwas Schatten, vor allem am Nachmittag. Ich kann nicht erklären, warum die Bepflanzung hier – nicht nur im Sommer, sondern auch im Winter so harmonisch und ansprechend wirkt. Es ist eine ausgewogene Gemeinschaft, die sich aus Zwiebeln, Stauden und Sträuchern zusammensetzt und Aspekte wie Form, Struktur und Farbe berücksichtigt – alle tragen das Jahr über auf ihre Weise zum rundum ausgeglichenen Gesamtbild bei (s. Plan Seite 28/29). Und doch meine ich, dass es ein Fehler wäre, diese Philosophie über den ganzen Kiesgarten auszudehnen. Es könnte zu eng, zu ordentlich und zu konventionell wirken und würde sowohl den Raum als auch die Freiheit einschränken, die größere Flächen krautiger Pflanzen, selbst wenn sie im Winter einziehen, fordern; dasselbe gilt für weite Flächen aussamender Einjähriger, verschiedener Zierlaucharten oder Frühlingszwiebeln. Man muss einfach akzeptieren, dass nicht jede Stelle das ganze Jahr über dekorative Blätter oder Strukturen zeigen kann und dass gewisse Bereiche ihre „Sternstunden" haben, die oft über Monate währen, bevor sie sich diskret zurückziehen, um einer anderen Gruppe den Vortritt zu lassen, die der Jahreszeit entsprechend ein neues Bild präsentiert.

STARS IM FAHLEREN HERBSTLICHT

In dem Inselbeet, das den Fahrweg säumt, bildet nun eine Felsenbirne, *Amelanchier lamarckii*, mit einer breiten Palette schöner herbstlicher Rottöne den Mittelpunkt der Gruppe. Die Blätter an den Spitzen der Triebe leuchten in reinem Kirschrot, die im Innern des Strauchs, an Zweigen, die weniger Licht bekommen, in Gold- und Bernsteintönen. Dieser Strauch ist eine europäische Züchtung ungewissen Ursprungs; er bevorzugt bessere Standortbedingungen, als ich sie ihm hier biete. Aber obwohl ich es eigentlich wissen müsste, bin ich um kein Haar weniger starrsinnig als die meisten Gartenliebhaber: Ich liebe diese Pflanze und musste es einfach probieren. Offensichtlich haben wir ihr vor sechs Jahren zu einem optimalen Start verholfen, ein tiefes Loch, mit einigen Schubkarren Kompost gefüllt, und obwohl davon gewiss schon lange nichts mehr übrig ist, muss sie ein tiefreichendes Wurzelsystem entwickelt haben, das ihr Wachstum weiterhin fördert. Außerdem ist der vergangene Sommer wesentlich schonender mit den Pflanzen umgegangen als die beiden vorhergehenden; die Temperaturen waren nicht ganz so hoch, und die Niederschlagsmenge belief sich auf 134 mm von April bis September. Wenn ich nun nachmesse, stelle ich erfreut fest, dass die Felsenbirne in diesem Jahr 60 cm an Höhe zugelegt hat. Weil wiederholt auftretende Elemente das Auge in die Ferne lenken, habe ich noch zwei weitere *Amelanchier* im Kiesgarten gepflanzt. Ich muss zugeben, dass der Strauch auf der exponiert sonnigen Seite nicht einmal halb so groß ist wie die beiden anderen (beide etwa 2,5 m hoch und breit); dennoch erzielt er die beabsichtigte Wirkung und entfacht ein kleines Feuerwerk, das vor dem Hintergrund eines blasspanaschierten Ligusters auflodert.

Große *Sedum*-Gruppen wirken mit ihren dunkleren Tönen wie ein Echo der farbenfrohen Felsenbirnen. *Sedum* (Herbstfreude-Gruppe) 'Herbstfreude' hat inzwischen einen intensiven samtigen Rotton angenommen, während *S.* 'Matrona' noch immer großartig wirkt mit seinen dunkel gefleckten Stängeln und den rötlichbraunen Blütenständen, die aufglühen, sobald ein Sonnenstrahl darauf fällt, wenn das Licht aber erlischt, einen dekorativen dunklen Schatten bilden und sich geradezu dramatisch vom silbergrauen Laub von *Stachys byzantina* und den noch immer schäumenden erbsengrünen Köpfen von *Euphorbia seguieriana* subsp. *niciciana* abheben.

Gegenüber:
Überrascht musste ich feststellen, dass Berberitzen geringe Niederschläge und nährstoffarmen Boden nicht gut vertragen. Es dauerte eine ganze Weile, bis sich *Berberis thunbergii* etabliert hatte, aber dank guter Dränage leuchtet der Strauch in den schönsten Herbstfarben.

Ein weiterer Strauch, den ich um seiner Herbstfärbung willen ausgewählt habe, ist der Kolben-Sumach *Rhus typhina*.

Schon jetzt zeigt sich, wie viel vom Boden abhängt. In einer Gehölzrabatte, die wir nur eine halbe Meile von hier im Dorf bepflanzt haben, war er innerhalb eines Vegetationsjahrs doppelt so hoch wie unserer. Aber wenn man tiefwurzelnden Pflanzen genügend Zeit lässt, in die unteren Schichten vorzudringen und sich in den Kies und Sand einzugraben, können sie sich trotz unwirtlichster Bedingungen oft erstaunlich gut entwickeln. Nur durch Experimentieren entdecken wir, wie weit die Pflanzen mitgehen und wo ihre Grenze erreicht ist.

Zu meinem großen Bedauern musste ein sehr schöner *Rhamnus alaternus* 'Argenteovariegata' dem neuen Tee-Pavillon weichen, den wir am Ende des Kiesgartens erbauten, um unseren Besuchern einen schlichten Rahmen der Gastlichkeit zu bieten. Auch weitere, seit langem eingewachsene Pflanzen mussten ausgegraben werden, darunter einige schöne Berberitzen und zwei hohe Koniferen, die als hübsche Gruppe sommers wie winters kräftig und dekorativ wirkten. Jahrelang hatte ich mich an ihrem Anblick erfreut, aufmerksam verfolgt, wie sie allmählich heranwuchsen und sich entwickelten, ähnlich wie wir unsere Söhne und Töchter begleiten, und doch schaffte ich es schließlich, mich von ihnen zu trennen und Pläne für die Zukunft zu schmieden. Zum Glück habe ich an anderer Stelle einen schönen Kreuzdorn. Auf den ersten Blick könnte man ihn für einen silbrig panaschierten Liguster halten; aber sie unterscheiden sich so grundlegend voneinander, vergleicht man sie von weitem oder mit jeweils einem Zweig in der Hand. Aus einiger Entfernung sieht man nämlich, dass der Liguster einen offeneren, ausladenderen Busch bildet, der zwischen dunklen Eiben und kleinblättrigen Stechpalmen einen blass cremefarbenen Akzent setzt. Seine Blätter sind größer als die des Kreuzdorns und zeigen ein lichtes Grün mit unregelmäßigen cremefarbenen Rändern. Typisch für den Kreuzdorn hingegen ist sein entschieden aufrechter Wuchs, der vom Boden aus birnenförmig aufstrebt, da alle seine Seitentriebe nach außen und oben zeigen, um die Rück- und Vorderseiten der kleineren dunkelgrünen Blätter mit grauer Marmorierung und cremeweißen Rändern zur Schau zu stellen. In seiner gesamten Erscheinung wirkt er von weitem nahezu silbrig und nicht blass cremefarben wie der Liguster. Noch symptomatischer sind seine dunkel gefleckten Triebe und die winzigen mahagonifarbenen Blütenknospen, die büschelweise zwischen den Blattachseln sitzen und sich im kommenden Jahr entfalten. Über der ausgedehnten Kiesfläche an der Frontseite des Hauses wirkt die inzwischen unbelaubte Sand- oder Weiß-Birke, *Betula pendula* 'Laciniata', mit ihrem tief eingeschnittenen Laub wie eine duftige Fontäne aus zierlichen hängenden Zweigchen, die den Rahmen für die prächtige Gestalt eines riesigen *Cotinus coggygria* der Rubrifolius-Gruppe bildet; der Perückenstrauch hat noch kein Blatt verloren und leuchtet in schillernden Scharlach- und Zinnoberrottönen. Im Hintergrund erhebt sich eine hohe, ausladende *Chamaecyparis lawsoniana* 'Ellwoodii', die am Fuß von einem Wirbel der unvermeidlichen Bergenien und Storchschnabelgewächse umgeben ist. Wenn ich diese Gruppe von meinem Küchenfenster aus sehe, wird mir selbst an trüben, nasskalten Tagen warm ums Herz; geradezu atemberaubend wirkt sie aber, wenn sie von der aufgehenden Sonne beleuchtet wird oder dann wieder zur Teezeit, wenn sie bei Sonnenuntergang in Gold- und Apri-

kosentöne getaucht erscheint, die sich über die westliche Begrenzung des Gartens hinziehen.

Die gelben Laternen von *Clematis tibetana* subsp. *vernayi* sind inzwischen erloschen, aber die Triebe, die eine große bogenförmige Bergeniengruppe überziehen, breiten sich unbändig über den Kiesweg aus, auf dem die fallenden Blätter der dreihundert Jahre alten gekappten Eiche einen braunen Teppich bilden und sich wirkungsvoll von den zahllosen Fruchtständen der Clematis abheben, die sich im dichten Netz der Stiele verfangen haben. Fruchtstände finden sich hier in jedem Entwicklungsstadium – von der frischgrün schimmernden Seide, die den dunklen Fruchtknoten umschließt, bis zum reifen Kopf, einer weißen Perücke aus trockenen flaumigen Grannen, die an der zentralen Wölbung der Samenkapseln hängen, und nur darauf warten auseinanderzubrechen und vom Wind hinweggefegt, anderswo erneut zu keimen. Eine unserer routinemäßigen Herbstarbeiten heißt deshalb auch, die reifen Fruchtstände abzuschneiden, bevor sie eine Unmenge Probleme bereiten.

Ich muss zugeben, dass ich eine unverbesserliche Schwäche für *Bidens ferulifolia* habe. Seit einigen Jahren sieht man den Zweizahn überall als Sommerblume, insbesondere in Blumenampeln, wo er sich, kombiniert mit unzähligen anderen Farben, oft sehr grell ausnimmt. Aber haben wir deshalb ein Recht, die Nase darüber zu rümpfen? Es liegt nämlich kaum je an den Pflanzen – ob sie zur Geltung kommen oder nicht, hängt weitgehend davon ab, wie wir sie verwenden. Ich kann mir grundsätzlich nicht viele nur unzuverlässig ausdauernde Pflanzen leisten, zumal es mir vorrangig um eine beständige Folge von Stauden, kombiniert mit Gehölzen geht, aber der kleine, unermüdlich blühende Zweizahn, der sich hilflos durch die trockenen Sommermonate kämpfte, schien, ohne den geringsten Hoffnungsschimmer, auf einmal verschwunden. Nun entwickelt er überraschend da und dort Triebe mit sternförmigen gelben Blütchen; David hatte sie, nachdem keine Frostgefahr mehr bestand, an kahle Stellen (bisher mit einem Meer aus Farbe überzogen) über die ruhenden Zwiebeln von *Scilla*, *Chionodoxa* und andere Frühlingsboten gesetzt.

Gaura lindheimeri wirkt im Oktober noch ebenso schön wie im Juni. Die schlanken, vielfach verzweigten Stängel tragen noch immer weiße, wie Falter aussehende Blüten, die entlang der Stängel auf und ab flattern, wobei ihnen die rosaroten Knospen und Blütenhüllen eine gewisse Wärme verleihen. Es sind bezaubernde Pflanzen. Sobald der sehnlich erhoffte Regen fällt, bilden sie im Nu frische Triebe, die mit neuen Knospen besetzt sind. Immer wieder entfalten sich Blüten, bis der erste Frost dem Schauspiel jedes Jahr ein Ende setzt.

Euphorbia seguieriana kann ich gar nicht genug preisen – ich habe sie gezielt da und dort entlang dem Mittelweg eingesetzt, und sie sind an ein paar Stellen vereinzelt aufgegangen, wo ich sie nie erwarten würde. Noch immer erfreuen sie mich mit ihren rot gefleckten Stängeln und weichen Büscheln leuchtend grüner, wie Spitze wirkender Fruchtstände, Hochblätter und kleiner Blättchen. Ohne eine Spur von Müdigkeit erfüllen sie dieses Herbstbild mit lebenssprühender Frische.

Kürzlich war ich bei der Beerdigung von „Miss Marple", das heißt, der Schauspielerin, die wir als Miss Marple kennen, Mrs Joan Butler, mit Künstlernamen Joan Hickson. Wir hatten uns hin und wieder getroffen, wenn ich im Nachbardorf meinen wöchentlichen Einkauf machte, und ein paar Worte miteinander gewechselt. Für sie band ich einen schlichten Kranz, wie ich es von Hilde Sartori, einer meiner deutschen Praktikantinnen gelernt hatte. Gewitterstürme waren in der Nacht zuvor über den Garten gefegt, sodass ich genügend abgebrochene biegsame Weidenruten für den Ring fand, den ich mit weicher Schnur umwickelte. Auf diesem Rahmen befestigte ich kleine Sträußchen jener zierlichen Euphorbie, die kräftigeren Köpfe einer grünen Hortensie und als Kontrast glänzende Blätter und Knospen von *Skimmia* × *confusa* 'Kew Green', kombiniert mit Knospen von zwei bezaubernden herbstblühenden Rosen. Die eine, *Rosa* 'Bloomfield Abundance', wächst in der Gemischten Rabatte, die im Kiesgarten den Weg zum Wohnhaus säumt. Über Monate bringt sie riesige lockere Trauben einzigartig schöner Knospen hervor, die sich zu kleinen, gefüllten, zart muschelrosafarbenen Blüten entfalten. Die andere, *Rosa* 'Pink Grootendorst', erinnert mich an Nelken mit ihren intensiver rosaroten, dicht gefüllten Blütchen und fein gerüschten Kronblättern. Schließlich fand ich für meinen Kranz noch vereinzelte Blüten von *Rosa* × *odorata* 'Viridiflora', die eher eigenartig als schön zu nennen sind, aber die seltsam grünen und bronzefarbenen Blütenblätter (eigentlich umgeformte Kelchblätter) mochten vielleicht am besten ein Nicken der Zustimmung für Joans säuerlich humorvolle Weltsicht ausdrücken.

Nun bin ich aber vom eigentlichen Thema abgekommen. Ich muss den Leser erneut in den Kiesgarten führen, wo – von *Euphorbia seguieriana* keineswegs in den Schatten gestellt – *Gypsophila* 'Rosenschleier' eine Nachblüte mit winzigen muschelrosafarbenen Blüten zeigt, verfangen im drahtigen Netz hochsommerlicher Blütentriebe. Sie leuchten wie die Sterne der Milchstraße.

In den letzten Jahren wurden viele verschiedene Formen von *Diascia* eingeführt. Sie kommen aus Südafrika; manche sind zwar nicht zuverlässig winterhart, wirken aber so unwiderstehlich, dass wir sie ausprobieren mussten. Ein paar im Gewächshaus leicht über dem Gefrierpunkt überwinterte Stecklinge genügen, um gute Pflanzen für das kommende Jahr zu sichern. Die frostverträglicheren Formen finden sich wahrscheinlich in höheren Breitengraden, wo sie eher der Kälte ausgesetzt sind. Zu ihnen gehört wohl *Diascia integerrima*, die uns hier bisher nie enttäuscht hat. Sie erfreut uns über Monate und zeigt im warmen Licht der Abendsonne noch immer unzählige Blüten. Obwohl sie sich mit dem wohl schlechtesten und magersten Boden des ganzen Kiesgartens abfinden muss, ergießt sie sich üppig in den Weg. Im Winter verschwindet sie gänzlich. Jedes Frühjahr schaue ich mir die kahle Stelle an und frage mich, ob sie wohl wieder austreiben wird; bisher war sie stets zuverlässig. Die Pflanze bildet mit der Zeit Kolonien über unterirdischen Trieben (an einem derart ungünstigen Standort hat sie kaum Konkurrenten) und wächst zu kleinen Büschen mit einem Gewirr drahtiger Stängel heran, die mit schmalen grauen Blättchen besetzt sind. Vom frühen Sommer an erscheinen spitz zulaufende Blütenstände mit kleinen, intensiv rosaroten Blüten in so großer Zahl, dass der Rabattenrand zu glühen scheint vor dem Hintergrund des kühlen, filigranen Laubs von *Artemisia pontica* und den silbergrauen Blättern von *Achillea* 'Moonshine'. Dazwischen hat sich der im Spätsommer blühende Zierlauch *Allium carinatum* subsp. *pulchellum* mit pastellzarten mauvefarbenen Glockenblüten zu einer kleinen Wiese ausgesamt, wo immer sich auf dem kiesbedeckten Boden ein

Gegenüber, oben:
Inselbeete bieten die Möglichkeit, Pflanzen silhouettenartig vor einem freien Hintergrund aufsteigen zu sehen. Die Fruchtstände von *Verbascum bombyciferum* und die dünnen Stängel von *Verbena bonariensis* bilden eine transparente Kulisse, durch die die Auffahrt dahinter sichtbar ist.

Gegenüber, unten:
Diese Gruppe erfreut mich den ganzen Winter hindurch. Das sonnendurchflutete Gras *Eragrostis curvula* steht in schönem Kontrast zu den farbenprächtig leuchtenden Blättern von *Bergenia* 'Abendglocken'. Mit den blassen filzigen Blättern von *Phlomis chrysophylla* harmoniert der silberlaubige Strauch *Atriplex halimus.*

offenes Plätzchen fand. Während der schlimmsten Trockenzeiten pausiert *Diascia* förmlich und verharrt blütenlos, bis die kühleren Septembertage anbrechen, um eine Masse neuer Triebe aus den verbleibenden trockenen Stielen zu bilden, wie jetzt, wo mir beim Anblick des letzten Flors eigenartig gespornter Blüten buchstäblich warm ums Herz wird.

Es ist schon nach fünf Uhr und die Sonne sinkt schnell. Obwohl mir die Finger steif werden von der kalten Luft, die auf einmal wie ein Schauder über meine Knie mit dem Schreibblock fällt, muss ich noch einen Augenblick bei diesem Bild verweilen, das die untergehende Sonne wie im Scheinwerferlicht aufleuchten lässt: einer Gruppe des blassen, säulenartig aufsteigenden Grases, *Calamagrostis × acutiflora* 'Karl Foerster'. So rasch bewegt sich das Licht, dass ich sehen kann, wie es hinter den Böschungen der Felder untertaucht und die letzten Strahlen vom Grund der nadelartigen Halme bis zu den strohgelben Blütenwedeln aufsteigen, die sich silhouettenartig von dem bereits im Schatten liegenden Garten abheben. Und schon ist auch der Moment gekommen, da sich nichts mehr unterscheiden lässt, da jeder Halm verwischt, weil das Licht ausgelöscht wird.

DRAMATISCHE PFLANZEN

Im Herbst erkennt man besonders gut, welche Pflanzen besonders ausdrucksvoll sind – in ihrer markanten Präsenz erinnern sie mich an einen Punkt oder ein Ausrufezeichen am Ende des Satzes. Es sind Pflanzen, die den Betrachter durch ihre Gestalt, Größe und Struktur innehalten und Atem holen lassen, nachdem er eher achtlos an dem Wirrwarr kleiner Pflanzen mit kaum zu unterscheidendem Laub vorbeigeeilt war. Zu den auffallendsten gehören die riesigen Grundrosetten von *Verbascum bombyciferum*. Sie unterscheiden sich in der Größe, manche können aber mehr als 1 m Durchmesser erreichen. Mit langen, filzigen Blättern, im Vergleich zu anderen Pflanzen nahezu weiß, bedecken sie den Boden, lagenweise übereinander angeordnet, in der Mitte festgesteckt wie der große Kopf einer Dahlie. In Farbe und Form ein bewundernswertes Bild. Sie entfalten eine so grandiose und doch schlichte Schönheit, dass ich mir manchmal fast wünschte, sie würden nie heranwachsen, um im Hochsommer den nicht minder dramatischen kandelaberartigen Blütenstand zu bilden.

Ganz anders, aber gleichermaßen dominierend zwischen all den Nachbarpflanzen, präsentieren sich die neuen belaubten Stängel von *Euphorbia characias* subsp. *wulfenii*, bis 1,25 m hoch und ebenso breit. Sie ersetzen bereits diejenigen, die im Juli zurückgeschnitten wurden, nachdem wir zuvor Samen gesammelt hatten. Auch im Winter ergeben sie, wo immer sie stehen, ein eindrucksvolles Bild. Ausgewachsene Pflanzen zeigen einen ausladenden, skulpturalen Wuchs und erinnern mit ihren langen, schmalen Blättern, die um die stämmigen Schäfte angeordnet sind, an riesige Flaschenbürsten, alle in einem wunderschönen Blaugrau, das blasser erscheint, wo Licht auf die Rückseiten der aufgerichteten Blätter fällt und tief zinngrau in den schattigen Partien. Diese Färbung wird im Spätherbst durch die rostroten Fruchtstände der *Sedum* und die scharlach- und karmesinroten Blätter verschiedener Bergenien unterstrichen.

Astelia chathamica (syn. *A. c.* 'Silver Spear') ist möglicherweise winterhart. Fest steht, dass sie Winter, wie sie vor etwa zehn Jahren herrschten, nicht überlebt

Links:
Sedum telephium 'Matrona', eine Fetthenne, die ich aus Freiburg im Breisgau mitgebracht habe, ist eine ausgezeichnete Sorte. Hier bilden die leuchtend gefärbten Fruchtstände einen schönen Kontrast zu *Euphorbia seguieriana*, die nach wochenlang anhaltender Blütezeit erstaunlich frisch wirkt. Zwischen den dicht aneinander gedrängten Bergenienblättern blitzen die Blüten von *Bidens ferulifolia* hervor.

hätte. Sie erinnert an *Phormium*, ist aber weniger aggressiv, und bildet Fächer schwertförmiger blasser Blätter, die oberseits grün schimmern und unterseits weiß sind. Bei heißem, trockenem Wetter ist das gesamte Blatt von einer silbrigen Patina überzogen.

Unter den zierlicheren Pflanzen fällt mir eine kleine Kolonie unseres hier heimischen Gelben Hornmohns, *Glaucium flavum*, auf, den man noch immer an Kiesstränden und auf Sanddünen der Ostküste findet (wahrscheinlich aber auch in anderen Küstengebieten Britanniens). Er bildet Rosetten aus blaugrauen, gefiederten Blättern, die an den Rändern fein eingeschnitten und gekräuselt sind, und ist dank eines tiefreichenden Wurzelsystems sowie des dichten Überzugs feiner, kurzer Haare an trockene, windgepeitschte Standorte angepasst; während ich hier stehe und schreibe, entdecke ich, dass sich feine Wassertröpfchen in ihm verfangen haben, Überreste des morgendlichen Taus. Der Blauton zeigt sich beim jungen Laub im Innern der Rosetten noch ausgeprägter. Wenn die älteren Blätter länger werden, dehnt sich der Überzug aus feinen Härchen ebenfalls aus; er erscheint dadurch spärlicher, was die Blätter grüner wirken lässt. Gut eingewachsene Pflanzen bilden einen verholzten Wurzelstock, aus dem sich weitere Rosetten bilden. Der Hornmohn ragt hier aus einem kleinen Sortiment von Küstenpflanzen heraus: Grasnelken (*Armeria*), Leimkraut (*Silene maritima*) und Meerkohl (*Crambe maritima*). Die großen gewellten Blätter des Meerkohls sind in sich zusammengebrochen, sodass wir sie beseitigt haben; nun ruhen die tiefen Wurzeln unter der Kiesdecke wie im Winter am Strand. Die kahle Stelle, die dadurch entstanden ist, stört mich weit weniger als unbedeckte dunkle Erde, zumal ich mich am Rand der Lücke an den dunklen Horsten der Grasnelke freue, die sich schön von dem Hornmohn abheben.

Glaucium flavum fo. *fulvum* zeigt noch auffallenderes und ausgeprägter bläuliches Laub als *G. flavum*. Wo die Pflanze in der Natur vorkommt, konnte ich bisher nicht herausfinden. Ich bekam sie vor vielen Jahren von dem großen Gärtner und Pflanzensammler Cedric Morris. Selbst bei erbarmungslos anhaltender Trockenheit verfügt *G. flavum* noch über genügend Energie, um wochenlang immer wieder transparente, feurig orangerote Blüten hervorzubringen, die an Mohn erinnern; wie bei der hier heimischen Wildart folgen länglich-schmale, bogenförmige Samenkapseln, die wie Jagdhörner geformt sind und schon für sich vom Hochsommer bis zum Herbst einen bemerkenswerten Blickfang darstellen. Ich könnte mir sogar vorstellen, dass das käfigartige Gehäuse so konstruiert ist, dass der Wind es fortrollen kann, um die Samen zu verstreuen, sobald die Herbststürme es abreißen.

HERBSTZWIEBELBLUMEN

Die meisten *Colchicum*-Arten sind Mitte Oktober verblüht, nur noch ein paar Nachzügler halten sich. Die herbstblühenden Krokusse waren verspätet, womöglich warteten sie, bis etwas Feuchtigkeit ihre Zeituhr aufziehen würde. Jeden Herbst fiebere ich mit der gleichen Spannung den ersten Blüten entgegen, wie im Frühjahr dem ersten Krokus. Und doch plagen mich jeden Herbst Zweifel, ob sich Mäuse womöglich über die Krokusse hergemacht haben könnten, bis zu meiner Erleichterung dann Tag für Tag neue in immer größerer Zahl erscheinen, wo die einzelnen Zwiebeln beachtliche Gruppen gebildet und sich die kleineren Tochter-

Gegenüber:
Oben links:
Sternbergia lutea

Oben rechts:
Crocus medius

Unten links:
Crocus speciosus 'Albus'

Unten rechts:
Colchicum 'Rosy Dawn'

zwiebeln zu blühfähiger Größe gerundet haben. Ich denke gern, dass wir dies unserem „Anti-Schädlingstrupp" zu verdanken haben: vier Katzen, die hier leben und sich ihr Frühstück verdienen.

Zu meinen Lieblingskrokussen gehört *Crocus speciosus* 'Albus', stolz aufgerichtet, mit schneeweißen schalenförmigen Blüten und spitz zulaufenden Blütenblättern. Er wächst zwischen den langen, schlangenförmigen Trieben von *Euphorbia myrsinites*, vagabundiert zwischen den Büscheln der amerikanischen Binsenlilie, *Sisyrinchium angustifolium*, durch Matten aus Thymian, die die Wege säumen, oder bricht einfach durch die kahle Kiesdecke, wo er an einem strahlenden Herbstmorgen mit seinen weit geöffneten, der Sonne zugewandten Blüten vielleicht sogar am schönsten wirkt. *C. kotschyanus* var. *leucopharynx* vermehrt sich gut; die an dünnen weißen Stielen stehenden lavendelblauen Blüten bilden inzwischen große Horste, die hier zwischen Teppichen aus goldlaubigem Thymian und dort zwischen nackten Steinen zum Vorschein kommen, wo ich tief darunter verborgen *Nectaroscordum siculum* subsp. *bulgaricum* weiß, das auf seinen Auftritt im Frühling wartet.

Unter den kleinen Zwiebelpflanzen ist der Gelbe Goldstern (*Sternbergia*) am leuchtendsten. Obwohl er große Ähnlichkeit mit dem Krokus hat, ist *Sternbergia* näher mit den Lilien verwandt (ebenso wie die *Colchicum*-Arten), denn er gehört zur Familie der Amaryllidaceae, Verwandte der Liliaceae. Im Gegensatz zu den Krokussen, deren Laub erst im Frühling erscheint, sind die *Sternbergia*-Blüten von Büscheln dunkelgrün glänzender, riemenförmiger Blätter umschlossen. In einer Jahreszeit, in der ein Großteil der Vegetation einzieht, scheinen sie strotzend vor Vitalität zwischen dem frischen Laub. Sie sind auf einen warmen Standort und gut durchlässigen Boden angewiesen. Bei mir wachsen sie an einem vollsonnigen Fleck am Rand der nach Westen gelegenen Rabatte, umgeben von *Geranium cinereum* 'Purpureum' (einer intensiv purpurvioletten Form der Staudengärtnerei Georg Arends in Wuppertal) mit hübschen schirmförmigen Blättern, einem vagabundierenden Dickicht der Zwerg-Mandel, *Prunus tenella*, und der auffallend schönen *Euphorbia rigida* – einer vielversprechenden bunten Pflanzengemeinschaft, die diesen Platz im kommenden Frühjahr mit Blüten verschönern wird.

Nerine bowdenii wirkt, gut platziert, ungeheuer liebenswert; was mich aber zunehmend ärgert, ist, dass sie noch immer nur vereinzelte Blüten hervorbringt. Auch sie gehört zur Familie der Amaryllidaceae, die in Südafrika in den Drakensbergen auf Geröllhalden und Felsvorsprüngen heimisch ist. Wenn ich im Vorbeifahren in Gärten am Straßenrand die riesigen Horste der exotischen bonbonrosafarbenen, lilienähnlichen Blüten sehe, packt mich jedes Mal der blanke Neid. Vermutlich würde man mir, wenn ich nachfragte, sagen, dass sie seit Jahren hier stünden und niemand sich darum kümmere, bis sie Ende Oktober urplötzlich ein derartiges Feuerwerk entfachten. Gewiss, es dauert eine Weile, bis sie eingewachsen sind, wobei ein warmer, vor strengem Frost geschützter Standort unerlässlich ist. In den früheren strengen Wintern haben wir bisweilen Zwiebeln verloren – sie dürften auf schweren Böden in ausgesprochen kalten Regionen kaum lebensfähig sein, zumal sie ihre Zwiebeln gern zur Hälfte aus dem Boden schieben, wahrscheinlich, um genügend Wärme zur Förderung der Blütenbildung zu speichern.

Wir haben aber auch ein kleines Sortiment anderer *Nerine*-Arten; keine ist meines Wissens allerdings zuverlässig winterhart. Wir pflanzen sie in Tontöpfe und

Schalen und überwintern sie in einem frostfreien Gewächshaus. Emily Paston, die sich um sie kümmert, setzt ihre Schützlinge, kurz bevor sie sich entfalten, in den Kiesgarten; sie gruppiert sie um den Stamm der Sand-Birke, *Betula pendula* 'Laciniata', die als Solitärbaum auf der Kiesfläche vor meinem Haus steht. Die Birke beginnt sich bereits zu färben, und auf dem Kies verstreut finden sich eingerollte gelbe und braune Blätter. Emily versteht es, die Töpfe auf verschiedenen Ebenen zu arrangieren, wobei ihr als Stütze die umgefallenen Stapel leerer Töpfe und dekorative alte Zwiebelgefäße dienen, in die sich die fallenden Blätter gleich Konfetti ergießen und zu einem ungewöhnlichen Stillleben beitragen.

Nerine filifolia zeichnet sich, wie der Name schon sagt, durch nahezu haarfeines Laub mit spinnenartigen, leuchtend rosaroten Blüten aus. *N. undulata* sieht ähnlich aus, wenn auch nicht ganz so zartgliedrig, und hat Kronblätter mit schönen, gekräuselten Rändern; wir lassen sie auch im Winter im Freien. Einige Züchtungen mit weißen, rosa- und violettrosafarbenen Blüten erregen zwar Aufmerksamkeit, können sich aber kaum mit der einzigartigen *N. sarniensis* messen. Die leuchtend scharlachroten Kronblätter sind zurückgebogen; wenn das helle Sonnenlicht darauf fällt, schimmern sie wie mit feinem Goldstaub überzogen und zeigen Büschel langer scharlachroter Staubbeutel und Stempel, die wie gierige Schnäbel wirken. Von meinem Küchenfenster aus sehe ich, wie die Besucher staunend vor diesem frappierenden Arrangement stehen bleiben und gelegentlich auch mit einem Topf in Richtung Verkaufsraum verschwinden; aber schon erscheint Emily, um ihren Schützling wieder an Ort und Stelle zurückzubringen. Ein kleines Schild mit dem Hinweis „unverkäuflich" wäre gewiss sinnvoll, würde die Besucher aber ebenso enttäuschen. Wir verfügen aber weder über einen ausreichend großen Bestand dieser bedingt winterharten Zwiebelblumen, noch über die Zeit oder den geschützten Raum, um sie für Verkaufszwecke zu vermehren. Es gibt Betriebe, die sie vertreiben. Mir widerstrebt es im Grunde, Pflanzen ins Verderben zu schicken, denn sie sind in unserem Klima im Freien einfach nicht sicher. Wir machen in unserer Gärtnerei zwar ein paar Ausnahmen, legen aber großen Wert darauf, unsere Kunden darüber aufzuklären.

Ich habe an anderer Stelle bereits ein Loblied auf *Phyla nodiflora* gesungen. Die im Wuchs dem Thymian ähnliche Pflanze deckt sich förmlich selbst zu mit ihren knubbeligen, winzigen Blütenköpfchen, die im Spätsommer und Herbst erscheinen. Noch immer zeigen sich vereinzelte Blüten. Überrascht oder gar irritiert reagieren Besucher bisweilen auf die Schneeglöckchenhorste, die sich einen Weg durch ihren Teppich grüner Blätter bahnen. Manche empfinden Unbehagen beim Anblick von Schneeglöckchen, die im Herbst blühen. Ganz ähnlich ergeht es ihnen mit herbstblühenden Krokussen. Es darf im Grunde nicht sein, wir sind einfach nicht darauf eingestellt – so in etwa die spontane Reaktion. Ich indes freue mich an dieser *joie de vivre* in einer Zeit, in der sich so Vieles auf die Winterruhe vorbereitet.

Mich versetzen die frischen, kleinen Zwiebeln in Hochstimmung. In Gedanken lassen sie mich einen großen Sprung in Richtung Frühling machen. Dieses wirklich im Herbst blühende Schneeglöckchen heißt *Galanthus reginae-olgae* subsp. *reginae-olgae* der winterblühenden Gruppe (syn. *G. corcyrensis*). Es ist auf Korfu und Sizilien heimisch und wächst in Felsspalten und im Unterholz von Eichenwäldern, wo es von Oktober bis Dezember blüht. Es hat sich in meinem mageren Kiesboden gut vermehrt und bildet ansehnliche Zwiebelhorste mit kräftigen Blüten, im Gegensatz zu der Form von *Galanthus reginae-olgae*, die ich zuvor hatte (es war nicht die gleiche); immer wirkte sie schwächlich mit ihren kleinen Blüten, die sich reichlich unwillig entfalteten (wenn es hochkam, lediglich ein bis zwei). Mag sein, dass ich mit der Wahl des Standorts unter einer mächtigen Eiche keine gute Hand hatte, weil ich mir nicht vorstellen konnte, dass ein Schneeglöckchen sich an einem vollsonnigen Standort wohlfühlen und gut aussehen würde.

HÖHEPUNKTE IM SPÄTHERBST

Insgesamt bietet der Kiesgarten Ende November noch immer ein so reizvolles Bild, dass es mich nahezu bei jedem Wetter hinauszieht. Selbst wenn es nass und windig ist, freue ich mich, draußen zu sein, nicht zuletzt, weil ich dank der angenehm trockenen Kieswege keine Gummistiefel anziehen muss. Wohin ich mich auch wende, überall sehe ich harmonisch aufeinander abgestimmte Gruppen, Nachbarn, die so gut zueinander passen wie sorgfältig ausgewählte und mit Geschmack zusammengestellte Möbel, die einen Raum mit Leben erfüllen. Welche Vielfalt an Formen! Manche groß und ausladend wie Sofas oder Schränke, andere klein wie Schemel oder Couchtische. Und dazwischen die Vertikalen, die in keiner Gartengestaltung – ob groß oder klein – fehlen dürfen, denn sie lenken das Auge nach oben und malen den Himmel an: verschiedene Formen von *Eucalyptus*, Aetna-Ginster (*Genista aetnensis*) und bleistiftschlanke Wacholder (*Juniperus scopulorum* 'Skyrocket').

Von einzigartiger Wirkung sind an einem Morgen Ende November die Schatten, jene dunklen Akzente, die ein unschätzbares Gestaltungselement darstellen. Ein beständiger Blickfang ist in dieser Jahreszeit der Kies, der das Licht reflektiert, und mit seiner Wärme einlädt, durch die stummen Schattenfelder in diesen reichmöblierten Garten vorzudringen.

Die warmen Farben und die glänzenden Blattoberflächen der Bergenien heben sich wirkungsvoll von der geisterhaft rauen Wolke von *Artemisia ludoviciana* subsp. *ludoviciana* var. *incompta* ab. Schwerer und dunkler wirken die Schatten der dicht zusammenstehenden, flachen Köpfe von *Sedum telephium* subsp. *maximum*. Die ziegelroten Blüten von *S.* (Herbstfreude-Gruppe) 'Herbstfreude' haben in Wind und Wetter die Farbe von dunklem Kaffeesatz angenommen, während das weiß blühende *S. spectabile* 'Iceberg' an geisterhaft weißen, ausgebleichten Stängeln zu einem helleren Braunton verblasst. Für sich betrachtet könnte man diese beiden „toten" Pflanzen durchaus als trostlos bezeichnen, aber in das Gesamtbild eingebunden steigern sie die Wirkung,

Oben:
Bergenia crassifolia 'Autumn Red'

Unten:
Bergenia 'Mrs Crawford'

Gegenüber:
Bergenia 'Mrs Crawford', die erste Bergenie, die sich malerisch färbt, dafür aber frostempfindlicher ist als manche andere.

HEISS GELIEBTE BERGENIEN

Das dominierende Blattwerk im Kiesgarten dürfte das der Bergenien sein. Ich mag die dicht gepackten Rosetten aus kohlartigen Blättern, die sich in die Kieswege ausbreiten und die Windung einer Rabatte nachzeichnen oder den Blick in die Ferne lenken, wo sie in der Wiederholung die Wirkung unterstreichen. Nachdem die monatelange Trockenheit überstanden ist, bieten sie ein Spätherbst- und Winterbild, das ich nicht weniger mag als ihre überschäumende sommerliche Pracht.

Wir haben ganz verschiedene Sorten, die mehr oder weniger winterhart sind. Viele bereichern mit dem unterschiedlichsten Mahagoni-, Pflaumen- oder Korallenrot, alle glänzend wie Leder, in den Wintermonaten den Garten.

Gewiss, es gibt Gartenfreunde, die meine Liebe zu Bergenien nicht teilen, zumal die Blätter oftmals in sich zusammenfallen und in den nasskalten Wintermonaten ausgesprochen unansehnlich wirken können.

Vor mehr als zwanzig Jahren wurde ich auf Christopher Lloyd aufmerksam, als ich seinen Klassiker „The Well-Tempered Garden" verschlang. Nur eines ärgerte mich: dass er kein einziges Wort über Bergenien verlor. Es war das erste Mal in meinem Leben, dass ich zu Feder und Papier griff, um einem Autor zu schreiben und ihn zur Rede zu stellen; wie konnte sich jemand erlauben, sie einfach zu ignorieren, der auf der anderen Seite über ein so breites Fachwissen und jahrelange Erfahrung verfügte, zumal er selbst Pflanzen zog und keineswegs nur über sie schrieb.

Seine Antwort ließ nicht lange auf sich warten: „Come to lunch". Es war der Beginn einer außergewöhnlichen Freundschaft, die sich auf viele gemeinsame Interessen gründet, insbesondere natürlich auf die gemeinsame Liebe zu Pflanzen, selbst wenn es nicht immer die gleichen sind, was ja schließlich auch langweilig wäre.

„Nun Beth", höre ich ihn noch heute sagen, als wir an einem Wintermorgen, schnatternd vor Kälte, durch seinen Garten in Great Dixter zogen, „Du wirst doch nicht etwa behaupten, dass Du diese elendigen Bergenien magst." Diese armseligen Geschöpfe – ein Großteil ihrer Blätter war zu einer schwärzlichen Masse zusammengefallen, aus der die kahlen verdrehten Schäfte herausragten, die kleine sprießende Spitzen junger Triebe verdeckten. Ich musste ihm leider zustimmen: Es war ein Bild des Jammers.

Obwohl ich Gartenbesitzer manchmal um ihren guten Boden beneide – ich meine einen lockeren, angenehm feuchten Lehmboden –, weiß ich, dass diese Böden, insbesondere wenn sie im Winter immer wieder von Regenfällen durchweicht werden, für gewisse Pflanzen tödlich sind. Mag sein, dass Bergenien in nährstoffreichen Böden im Winter weniger schlapp herumhängen, wenn sie auf einer höher gelegenen Böschung mit einer verbesserten Dränage gepflanzt werden.

Manchmal fahre ich an einem alten Kirchhof vorbei, wo sie, vor Jahrzehnten gepflanzt, ungestört vor sich hinwachsen; in kräftigen Blatthorsten ergießen sie sich über die Brüstung einer Stützmauer und wirken den ganzen Winter über dekorativ, bevor sie im Frühjahr ihre leuchtend rosaroten Blüten entfalten.

Seite 136/137: Unzählige Blüten von *Bergenia* 'Schneekönigin' kaschieren nahezu die Horste der überwinterten Blätter. Wenn Frost angesagt ist, decken wir die Blüten über Nacht mit einem Schutz aus Vlies ab.

Es gibt unzählige Arten, die über weite Landstriche wild vorkommen, sie stammen aus Sibirien oder aus subalpinen Almwiesen und Gehölzrändern der Bergregionen Zentralasiens und des Himalaja. Ich sehe sie vor mir auf steinigen Hängen oder einem Bergvorsprung, die Wurzeln in einer humusgefüllten Felsspalte verankert, wo sich keine Staunässe sammelt. Sicherlich liegt es auch an meinem durchlässigen Boden, dass meine Pflanzen (einschließlich der Hybriden) selbst im Winter schönes Laub haben. Zugegeben, etwas mehr Regen würde ihnen im Sommer zugutekommen, denn die Bedingungen hier übersteigen fast schon das für sie Erträgliche. Und doch muss ich mir, wenn ich es richtig bedenke, widersprechen, denn sie haben sich vermehrt und erfreuen mich mit ihrem gesunden Wuchs seit über dreißig Jahren.

Man mag es für verschwenderisch oder gar verrückt halten, dass ich im Kiesgarten weite Streifen – manche 5 m lang und 1–1,5 m breit – mit Bergenien bepflanze. Das alte Laub vom Winter verschwindet im Frühling beinahe unter den Blüten, die von Weiß über Muschelrosa bis zu intensivem Rosa und Magenta an rhabarberroten Stängeln stehen, und einen aufregenden Kontrast zu dem fluoreszierenden Grün der Euphorbien bilden. *Bergenia crassifolia* 'Autumn Red' erweist sich in meinem durchlässigen Kiesboden als zuverlässig winterhart, aber *B. cordifolia* 'Purpurea' mit großem, kohlförmigem Laub mit gewelltem Rand ist wohl die frostverträglichste und zäheste Sorte, daher eigentlich überall einsetzbar. Im letzten Jahr war *Bergenia* 'Silberlicht' die einzige, die nach Frost und Schnee gänzlich aufgelöste und schlaff hängende Blätter hatte, aber die Blüten entschädigten uns bald schon für ihre zeitweilige Unansehnlichkeit. *Bergenia* 'Mrs Crawford' habe ich nach einer Freundin benannt, die sie vor etwa zehn Jahren an ihrem natürlichen Standort in Kaschmir fand (wenn ich richtig informiert bin). Ich hätte sie um der korrekten Bezeichnung willen längst an die Royal Horticultural Society nach Wisley schicken sollen – aber was nicht ist, kann ja noch werden! Diese einzigartige Pflanze zeichnet sich durch hübsche Rosetten mit zierlichen bogenförmigen Blatträndern aus. Als eine der ersten reagiert sie im Spätherbst auf die fallenden Nachttemperaturen, indem sich einzelne Blätter leuchtend kirschrot färben; im Lauf des Winters nehmen dann sämtliche Blätter eine auffallend purpurrote Tönung an. Allerdings ist diese Bergenie kälteempfindlicher als die anderen. Strenger Frost schadet den Blättern. So konnte ich Christopher auch kaum widersprechen, als er sich im April den Kiesgarten anschaute und schadenfroh auf meine Bergenien deutete; und doch – das letzte Wort hat die Pflanze selbst, denn etwa eine Woche später verschwanden die Reste der alten Blätter unter den dichten reinweißen Blütenständen neben dem strahlend hellen Grün der Kelche und dem frischen, jungen Blattwerk. Schön sieht hinter dem in warmen Herbstfarben strahlenden Laub von *B.* 'Mrs Crawford' der elegante *Helleborus* × *sternii* 'Broughton Beauty' aus, der im Frühjahr Bewunderung erntet, wenn seine noch ungeöffneten Knospen, die in großen Büscheln erscheinen, nahezu in der gleichen Farbe wie die Bergenien kastanienrot und lindgrün gefleckt sind. Die grellen, fast himbeerroten Blüten von *Bergenia* 'Abendglocken' verlangen geradezu nach der beruhigenden Wirkung der hellen apfelgrünen Blüten von *Helleborus argutifolius* (syn. *H. corsicus*) (vermutlich genau die Komplementärfarbe, falls sich jemand streng am Farbkreis orientiert). *Bergenia* 'Morgenröte' entfaltet im Frühjahr offene rosarote Blüten an

Links:
Bergenia cordifolia 'Purpurea'

Rechts:
Bergenia 'Silberlicht'

schlanken korallenroten Stängeln und bringt im Juni einen beeindruckenden Nachflor – ein wirkungsvoller Kontrast zu dem silbergrauen Teppich von *Stachys byzantina* 'Silver Carpet' dicht daneben, der vor den allmählich dunkler werdenden Blütenständen von *Sedum* (Herbstfreude-Gruppe) 'Herbstfreude' ungeheuer lebhaft wirkt. *Bergenia* 'Rosi Klose', nach der fleißigen Frau des unermüdlichen Pflanzensammlers Heinz Klose aus Kassel benannt, trägt dichtbuschige Blütenstände mit leuchtend rosaroten, offenen Glocken.

Ich ziehe auch andere selektierte und benannte Sorten von *Bergenia*, darunter viele Neueinführungen, aber auch mehrere Arten, einschließlich der kleinblättrigen *B. stracheyi* (mit rosafarbenen und weißen Blüten) und eine Art mit seltsam behaarten Blättern: *B. ciliata*. Ihre Besonderheiten zu beschreiben, würde mir ausgesprochen schwerfallen, ganz abgesehen davon, dass es den Leser langweilen würde. Aber jeder, der eine Vorliebe für eine bestimmte Art hat, wird meine Begeisterung für Bergenien, die Bedeutung, die sie in meiner Gartengestaltung haben, verstehen.

AUFRÄUMEN VOR DEM WINTER

Wenn es Zeit ist, den Garten für den Winter zu richten, gehe ich mit meinen Helferinnen von Rabatte zu Rabatte – gemeinsam betrachten wir aus ein paar Schritten Entfernung das Gesamtbild, bevor entschieden wird, was schön ist und was einfach unordentlich wirkt. Bei Pflanzen, die nur noch aus einem Gestrüpp abgebrochener Stängel oder einem Haufen fauliger Blätter bestehen, wie das ehemals saftige Laub von *Galtonia candicans* oder *Agapanthus campanulatus*, bedarf es keiner großen Gewissenserforschung; aber bei anderen lohnt es, sich Gedanken zu machen, denn ich lasse gern abgestorbene Pflanzen mit schöner Struktur stehen, zumal ihre Fruchtstände im Winter oft dekorativ wirken. Gemeinsam beschließen wir dann auch, ob wir eine Staude oder einen Strauch herausnehmen, der inzwischen seine ursprüngliche Aufgabe erfüllt hat, um Platz für Nachbarpflanzen zu schaffen. Dies trifft für einen graulaubigen × *Halimiocistus* zu, der unter einem *Ceanothus* beinahe erstickt. Dieser ist plötzlich mächtig herangewachsen, inzwischen nahezu 2,5 m breit, und bildet vor einer Gruppe silbrig grüner, panaschierter Ligustersträucher, *Ligustrum ovalifolium* 'Argenteum', einen schönen dunklen, immergrünen Laubhügel.

Wenn ich mir dann später ansehe, wie die Mädchen vorankommen, bietet sich mir ein sehr viel klarer strukturiertes Bild, nachdem die vielen kreuz und quer stehenden Stängel entfernt sind. Es erinnert mich komischerweise an Besuche beim Friseur – um mich herum lauter zerzauste Haarschöpfe, die zusehends gepflegt und in Form geschnitten werden und schließlich sichtbar jünger erscheinen. Auch Gärten können alt und ungekämmt wirken; sachgemäßes Schneiden und Ausputzen sind Voraussetzung für ein frisches und gesundes Aussehen.

Meine beiden Gärtnerinnen Lesley Hill und Winnie Dearsley erledigen diese Arbeiten seit über zwanzig Jahren und sind meine rätselhaften Anweisungen gewohnt; fragt sich nur, was die beiden Lehrlinge damit anfangen. Natürlich wäre es einfacher, wenn ich sie beauftragen könnte, alles herauszunehmen, was welk oder tot ist. Dies aber hieße, auch Dinge wie *Phlomis tuberosa* 'Amazone' und die Fruchtstände einiger ganz unterschiedlicher Oregano- oder Majoranarten zu schneiden, die mit ihren unzähligen hellen, glänzenden Stängeln und den zierlichen braunen Fruchtständen nach wie vor dekorativ sind. Im Gegensatz zu den immergrünen Blattpflanzen bilden sie filigran wirkende, braune Schatten und damit eine ganz ähnliche Struktur.

Ohne Blätter bieten die geisterhaftweißen Triebe von *Perovskia*, vom Wind zu bizarren Skeletten geformt, ein unvergessliches Bild, insbesondere wenn vom Licht der untergehenden Sonne angestrahlt winzige Mückchen dazwischen tanzen. Deshalb bitte ich alles, was noch eine schöne Form hat, stehen zu lassen, denn es wirkt nicht nur im Augenblick dekorativ, sondern auch später, wenn ein frostiger Morgen jeden Zweig mit Eiskristallen verzaubert.

Noch ist es zu früh, um die wolkenartigen Büschel von *Gypsophila* 'Rosenschleier' zu entfernen, denn sie bringen ganz spät noch einmal winzige Blütchen hervor. Wahrscheinlich werden wir sie noch geraume Zeit stehen lassen, denn sie bilden selbst ohne Blüten oder Blätter in Form und Struktur einen reizvollen Kontrast zum Kiesweg. Jede dieser Pflanzen beansprucht einen weiten Umkreis; im Moment haben zwei Pflanzen einen Durchmesser von über 2 m. Irgendwann werden wir sie etwa auf Faustgröße und ihre schlafenden Knospen zurücknehmen. Dennoch wird im Frühjahr der Platz, den sie hinterlassen, nicht kahl bleiben, sondern von Zwiebelblumen ausgefüllt sein. Die meisten *Allium* sind seit langem abgeräumt, aber ein ganz spät blühender Zierlauch, *Allium carinatum* subsp. *pulchellum*, hat sich, wie ich sehe, im Umkreis und zwischen den Kissen und Matten von *Helianthemum*, *Veronica cinerea* und *Eriophyllum lanatum* ausgesamt. Die aufgegangenen Sämlinge haben fast eine Wiese gebildet mit entzückenden Blüten – rosa- und weißblühenden Formen –, und doch sind ihre kreuz und quer stehenden Stängel inzwischen unansehnlich geworden. Sobald auch sie abgeräumt sind, wirkt der mit Kies bedeckte Bereich gepflegt wie ein frisch rasiertes Kinn.

Inzwischen haben wir auch die unansehnlichen Exemplare von *Genista lydia*, über die ich mir so unschlüssig war, herausgenommen. Entfernt wurde aber auch ein ausgedehnter Thymianteppich, der extrem schäbig und abgewetzt wirkte nach mehreren heißen Sommern im trockenen Kies. Trotz des nährstoffarmen Bodens, hatte die Pflanze meterweit den Rabattenrand überzogen und schwächere Nachbarn erstickt, zugleich aber auch eine Unterpflanzung für die Zwiebelblumen gebildet. Wir müssen abwarten bis zum Frühjahr, um zu sehen, wo Zwiebeln sind; schließlich wollen wir sie bei der Neupflanzung des Bereichs nicht aufspießen.

Wie schon erwähnt, können Pflanzen, die sich selbst versamen, zum Unkraut werden, das heißt zu Pflanzen am falschen Platz. Ich kann meine Gärtnerinnen gar nicht genug loben, wenn sie, wie diese Woche, mit größter Sorgfalt die überall auftauchenden Sämlinge von *Bupleurum* ausheben, das sich in einem Teppich aus Thymian versamt hatte. Sehr oft müssen die Mädchen selbst entscheiden, was sie entfernen oder stehen lassen. Im Zweifelsfall heißt die Regel: stehen lassen. Aber manchmal, wie jetzt im Spätherbst, erkennt man eher, was nicht hierher gehört. Am besten macht man sich dann auch gleich an die Arbeit.

WINTER-
BILDER

Seite 142:
Ein leichter Frost hat die ziegelroten Blütenköpfe von *Sedum* (Herbstfreude-Gruppe) 'Herbstfreude' weiß gepudert und die gezackten Blattränder von Bergenia 'Schneekönigin' versilbert. Der blaulaubige Wiesenhafer, *Helictotrichon sempervirens*, reflektiert das tiefstehende Licht der Wintersonne. Im Sommer aber, solange die Fetthenne sich noch im Hintergrund hält, neigen sich die hohen anmutigen Halme des blühenden Grases über die Bergenien und bestimmen über Wochen das Bild.

Gegenüber:
Im Vordergrund bildet das filigrane Gras *Poa labillardierei* kräftige Horste mit feinen Blättern und einen weiten Fächer zierlicher Blütenfahnen. Sobald sie in der Reife nach außen fallen, werden sie durch neue ersetzt, sodass der transparente Strahlenkranz der Halme und Rispen erhalten bleibt. Kompakter wirkt im Gegensatz dazu *Miscanthus sinensis* 'Yaku-Jima' mit Hunderten fedriger Blüten, die wie ein Blumenstrauß gestaffelt sind und im Spätherbst eine warme Karamellfärbung annehmen. Zwischen den beiden bleiben die Immergrünen wie *Cotoneaster dammeri* 'Coral Beauty', *Hebe macrantha* und ganz unten schließlich *Bergenia* 'Ballawley' auch im Winter erhalten.

Ein weiterer Tag Ende November, an dem der Himmel bedeckt ist und leichter Nieselregen fällt. Und doch ist es wunderschön hier im Kiesgarten, in der milden, feuchten Luft; rundum friedliche Stille, die nur vom Gesang der Vögel, vor allem Amseln und Rotkehlchen, durchbrochen wird, die sich überall zwischen dem üppigen Laub verbergen.

Seltsamerweise wirkt der Kiesgarten gleichermaßen reich an Farben, Strukturen und Formen wie das ganze Jahr über. Es ist zwar nicht das frische Lindgrün, Weiß und Gelb der Blätter und Blüten wie im Frühling, nicht die Vielzahl der Blüten, der Zierlaucharten, Mohnblumen und Zistrosen wie im Hochsommer, und es sind auch nicht die eindrucksvollen Szenenbilder des Spätherbstes, dafür aber zahllose schöne Blätter und Fruchtstände. Wie ein kontrastreich gemusterter Teppich aus warmen Farbtönen wirkt der Kiesgarten mit seinen hellen fedrigen Gräsern, dem lebhaft grünen, silbrigen und goldenen Laub, auf der Ostseite von der dunklen × *Cuprocyparis-leylandii*-Hecke umschlossen und im Westen von zwei mächtigen alten Eichen überragt, die sich inzwischen rostrot vom grauen Himmel abheben und dem ganzen Bild Größe und Zeitlosigkeit verleihen.

Gegen Ende Dezember bricht oft nach drei Uhr ein Silberstreifen des schwachen Sonnenlichts durch die dichte graue Wolkendecke und lässt den Kiesgarten aufleuchten. Die großen Eichen werfen lange Schatten über den Kies. Einzelne Pflanzen werden von den spärlichen Strahlen der Sonne erfasst. *Euphorbia myrsinites* räkelt sich wie ein wirrer Haufen blauschuppiger Schlangen; schon zeigt sich an einem der gewundenen Triebe die erste endständige Rosette mit erbsengrünen Blüten, die sich an die Steine schmiegt. *E. characias* subsp. *wulfenii* dicht daneben erinnert mich an die gefiederten Hälse großer Vögel (wohl unter dem Eindruck der vielen Tierfilme) mit Halskrausen aus einander überlappenden zinngrauen Blättern; aufhellend wirken die blassen Adern, zwischen denen Regentropfen glänzen. Bei manchen sind die obersten Büschel zart kastanienrot gefleckt. Bei anderen haben sich bereits Knospen gebildet, die „Augen" gesenkt unter den stolz aufragenden, bogenförmigen Hälsen.

Selbst im Januar, wenn kaum etwas blüht, bietet der Kiesgarten ein in sich geschlossenes Bild. Die Gräser haben ihre Gestalt bewahrt und werden von der tiefstehenden Sonne angestrahlt. Mit ihren blassen lohfarbenen und strohgelben Farbtönen lenken sie schon von weitem den Blick auf ihre vertikale Erscheinung; zugleich lassen sie die kräftigen Konturen und Töne der immergrünen *Hebe-*, *Euphorbia-* und *Cistus*-Arten aber auch weicher erscheinen. Wo Zwiebeln oder Stauden tief unten ruhen, kaschiert die Kiesdecke das unschöne Band dunkler, kahler Erde, das sich zwischen den Büscheln und Horsten zurückgeschnittener Pflanzen windet oder einen blassen Kontrast zu den Teppichen aus dunklem Thymian oder silbrigem Woll-Ziest (*Stachys byzantina*) bildet.

Die meisten großen Fetthennen – Sorten von *Sedum spectabile* – sehen noch immer gut aus mit ihren unterschiedlichen braungetönten, kuppelförmigen Fruchtständen, die dunkle Akzente zwischen dem silbergrauen Laub setzen. Eine hervorragende Pflanze ist auch zu dieser Jahreszeit *Sedum* 'Matrona', höher und größer als alle anderen, und mit Fruchtständen in der Farbe von dunklem Kaffeesatz (s. Seite 114–117). Eine wenig bekannte Wolfsmilchart, *Euphorbia rigida*, erregt selbst im Winter Aufmerksamkeit. Ihre auffallend rosa gefärbten Stängel (30–

38 cm hoch) sind nicht zu übersehen, da sie im unteren Bereich inzwischen ihr Laub verloren haben und sich nach außen und oben biegen, um endständige Rosetten blasser, spitz zulaufender, keilförmiger Blätter zur Schau zu stellen, die im Innern, noch vor der Winterkälte geschützt, dicht gepackte Blütenknospen einschließen. Am Fuß haben sich bereits, deutlich erkennbar, die neuen Triebe für das kommende Jahr gebildet.

Oben:
Links:
Fruchtstand von *Allium hollandicum*
Mitte:
Papaver somniferum
Rechts:
Pulsatilla vulgaris

Gegenüber:
Penible Gartenliebhaber hätten in dieser Pflanzengesellschaft gewiss die abgestorbenen Stängel zurückgeschnitten. Zugegeben, ich wollte, ich hätte die Schnüre, die im Sommer als Stütze für *Phlomis tuberosa* 'Amazone' dienten, entfernt, bevor Steven Wooster dieses Bild machte. Die Fruchtstände von *Allium christophii* (und damit ihr Strahleneffekt) wurden herausgenommen, kurz nachdem die Samen herausgefallen waren, die in drei bis vier Jahren die Zahl der Blüten vermehren werden. Die knubbeligen Blütenstände des Brandkrauts (*Phlomis*) aber bleiben als winterlicher Blickfang stehen; mit Raureif überzogen glitzern sie, wenn die Blätter des Strauches dahinter abgefallen sind. Im Vordergrund hat die Katzenminze *Nepeta racemosa* 'Walker's Low', die im Juli stark zurückgeschnitten wurde, neu ausgetrieben.

TROCKENE FRUCHTSTÄNDE

Krautige Pflanzen werden bei mir nicht gleich zurückgeschnitten. Auch wenn einige entfernt werden müssen, weil sonst nichts als ein modriger Haufen übrig bliebe, bewahren andere ihre schöne Form und sehen nach wie vor dekorativ aus, vor allem, wenn sie mit Eiskristallen überzogen sind. Manchmal gewinnt das Gesamtbild aber auch, wenn schadhafte Blätter oder sich kreuzende Stängel herausgenommen werden, nur sollte man es nicht übertreiben. Ein schöner Fruchtstand kann indes genau die Wirkung erzeugen, die als Rahmen für einen besonderen Blickfang gefragt ist.

So wäre es geradezu eine Sünde, die Fruchtstände von *Sedum spectabile* zurückzuschneiden. Sie bilden dekorative dunkle Schatten über ihren fleischigen Blättern, die sich melonengelb färben, bevor sie in sich zusammenfallen.

Der weiße, wollige Überzug auf den dicken Schäften von *Verbascum bombyciferum* (wie Wachtposten stehen die Königskerzen den ganzen Sommer über am Eingang zum Kiesgarten) war im Oktober bereits ziemlich abgewetzt. Aber ihre langen, verzweigten Triebe mit den dicht gepackten, braunen, harten Samenkapseln wirken im Winter wie kunstvoll gestaltete Kandelaber. Scharf umrissen zeichnen sie sich vor dem Himmel ab oder rahmen, gelegentlich bizarr vom Wind verformt, das Blickfeld dahinter ein. Zu ihren Füßen finden sich hübsche Blattrosetten; es sind die jungen Pflanzen, die Kraft sammeln für ihren Auftritt im kommenden Jahr.

Im Herbst soweit nötig ausgeputzt, bilden die steifen verzweigten Stängel von *Verbena bonariensis* wertvolle Vertikalen, bis sie von Wind und Wetter umgelegt werden. Die leuchtend purpurvioletten Blütenköpfe haben sich schokoladenbraun verfärbt. An kahlen verzweigten Stängeln bilden sie eine Art transparente Kulisse. Wie *Verbascum bombyciferum* versamen sie sich zwischen den niedrigen Pflanzen oder lehnen sich überraschend über die Kieswege, vor denen sich ihre knopfartigen Köpfe klar umrissen abzeichnen. „Was für eine herrliche Pflanze", sagt im Vorbeigehen ein Besucher, „so spektakulär und doch mit so wenig Platz zufrieden".

Nach der Blüte entfernen wir die zerfetzten welken Blätter von *Phlomis tuberosa* 'Amazone', um uns am Anblick der kleinen braunen Samenkapseln zu freuen, die wie knubbelige Knöpfe in Abständen entlang der steif aufgerichteten, verzweigten Stängel stehen und jedem Wintersturm trotzen. Hinter der Kulisse aus holzigen Trieben bilden die wollig belaubte *Ballota*, stolze, gewundene Schöpfe von *Euphorbia characias* subsp. *wulfenii* und grasgrüne Horste von *Santolina rosmarinifolia* (syn. *S. virens*) einen lebhaften Kontrast.

Oben:
Links:
Euphorbia characias subsp. *wulfenii*
Mitte:
Euphorbia myrsinites
Rechts:
Sedum 'Matrona'

Gegenüber, oben:
Ein paar kräftige Formen verleihen einem Bild den erforderlichen Halt, wenn es auseinander zu fallen droht, weil die meisten Pflanzen ihren Höhepunkt überschritten haben. *Sedum* (Herbstfreude-Gruppe) 'Herbstfreude' bildet mit seiner markanten Form und der warmen Farbe ein alles verbindendes Element.

Gegenüber, unten:
Bergenia 'Abendglocken' (links) und *B. cordifolia* 'Purpurea'

FORMEN UND FARBEN

Das Bild des Kiesgartens wandelt sich im Lauf des Winters kaum; es wirkt vielmehr wie eine Bühne, die nur darauf wartet, bis die blasse Wintersonne die in sich ruhende Szenerie der Farben und Formen mit Licht und Leben erfüllt. Aber selbst am trübsten Tag lohnt hier ein kleiner Rundgang.

Erstaunlicherweise brauchten die verschiedenen *Berberis*-Arten, die ich pflanzte, länger als erwartet, um sich in dem mageren Kiesboden bei spärlichen Niederschlägen und hohen Sommertemperaturen zu etablieren. Nun aber, nach sechs bis sieben Jahren, haben mehrere Büsche von *Berberis* × *ottawensis* fo. *purpurea* 'Superba' an Größe und Umfang beachtlich zugelegt (etwa 1,80 m hoch und breit), und die normalerweise pflaumenblauen Blätter haben sich zu einem leuchtenden Burgunderrot verfärbt.

Verschiedene Bergeniensorten steuern unterschiedliche Rottöne bei, von dunklem Pflaumenviolett über intensives Kirschrot bis zu Scharlachtönen. *Euphorbia epithymoides* flammt orangefarben bis rot auf. Einen Kontrast bilden dicht daneben große Flecken der gelblaubigen Form des Woll-Ziests, *Stachys byzantina* 'Primrose Heron', und die blassgrün und gelb panaschierte Form des Salbeis *Salvia oficinalis* 'Icterina'. Der auffallend buntlaubige Spindelstrauch *Euonymus fortunei* 'Emerald 'n' Gold' wirkt beeindruckend neben den schlichten bleigrünen Blättern von *Cistus ladanifer*.

In dieser Landschaft aus Hügeln und Senken hellen blühende Gräser, hohe und kurzstielige, filigrane oder dichtbuschige, das Bild mit ihren lohfarbenen, honiggelben, orangeroten und goldenen Schattierungen auf. Buschklee, *Lespedeza bicolor*, kann sich an Dramatik und Schönheit kaum mit *L. thunbergii* messen, deren bogenförmig überhängende Triebe sich im Herbst bis auf den Boden neigen und elegante endständige Rispen mit kleinen rosavioletten Erbsenblüten bilden. Die Blüten von *L. bicolor* erscheinen später, sie sind blasser und stehen an kleineren Rispen, aber insgesamt gefällt mir die aufrechte Wuchsform und Struktur dieses Strauchs. Im Frühjahr wird er bis dicht über dem Boden zurückgeschnitten, um im Lauf des Sommers zahlreiche helle, rohrartige Triebe zu entwickeln, die mit fedrigen Büscheln winziger Blätter besetzt sind. Die Rispen mit rötlichvioletten Schmetterlingsblüten bilden sich in den Blattachseln. Bei Frost färben sich die Blätter braun, und die kahlen Zweige nehmen einen dunklen Olivton an. Von meinem Küchenfenster aus fasziniert mich die trockene, säulenartige Gestalt (1,25 m hoch), die durch die zierlichen, eingerollten Seitentriebe weicher erscheint und sich beim leisesten Windhauch wiegt, ob im Licht der tief stehenden Wintersonne oder mit glitzernden Eiskristallen besetzt.

Links:
Auch hier wieder das seidige Federgras, *Stipa tenuissima*, in seiner Bestform. Die zarten ausladenden Blütenstände sind so leicht, dass sie die Nachbarpflanzen nicht beeinträchtigen. Die distelähnliche *Eryngium giganteum* Miss Willmott's Ghost hat sich perfekt ausgesät und die pflaumenförmigen Köpfe der *Allium sphaerocephalon* sind immer eine Freude.

SCHIMMERNDE GRÄSER

Wenn an einem Wintermorgen die nahezu horizontalen Sonnenstrahlen den Frost allmählich abschälen, genieße ich die Wirkung der Gräser in meinem Kiesgarten als lebhafte Bereicherung des Bildes. Angenommen, ich würde sie aus dem Kreis ihrer Nachbarn herausnehmen, so wäre es, als ob ein Licht ausginge. Ob tagsüber oder spät abends, wenn ich heimkomme, und sie im Scheinwerferlicht meines Wagens aufleuchten sehe, immer freue ich mich an der Kontrastwirkung ihrer filigranen Konturen. All jenen, die sich skeptisch fragen, wie trockene Gräser inmitten sattgrüner Pflanzen aussehen – dem glänzenden Laub der Bergenien, den schwertförmigen Blättern der *Yuccas* und filzigem Grau –, rate ich, es einfach auszuprobieren. Wie individuell Gräser wirklich sind und wie sehr sie sich in ihrem Charakter unterscheiden, erfährt man erst, wenn man eine gewisse Auswahl im Garten pflanzt. Und doch fehlen mir die Worte, wenn ich hinreichend beschreiben soll, wie grundverschieden sie voneinander sind.

Unser als *Stipa splendens* bezeichnetes Gras (noch nicht endgültig identifiziert) braucht den ganzen Sommer für seinen einzigartigen Auftritt im Herbst. Die ursprünglich dünn und spärlich wirkenden Horste treiben aus der Mitte immer mehr neue Blütenstände aus; nun ist ein wunderschöner weiter Fächer aus 1,25–2 m hohen Halmen mit zierlichen Rispen entstanden. Ich freue mich jedes Mal, wenn ich nach einer Wegbiegung plötzlich vor diesem Gras stehe, das fontänenartig zwischen den Nachbarpflanzen aufsteigt und sich in weitem Bogen über den Kies neigt. Von meinem kleinen Klappstuhl aus kann ich im Oktober durch den gazeartigen Schleier hindurch den Kiesgarten sehen, der sich mit den letzten, wie Edelsteine leuchtenden Blüten geschmückt in der Ferne verliert. Die Saatkrähen über mir lenken meinen Blick nach oben, wo mir die Silhouetten der hohen Gräser vor dem mit Schäfchenwolken überzogenen blauen Himmel wie eine ganz feine Bleistiftzeichnung erscheinen.

Ende November haben die Sommergräser *Stipa gigantea* und *Helictotrichon sempervirens* ihre Aufgabe erfüllt. Die vom Wind abgebrochenen Halme werden zurückgeschnitten; die übrig bleibenden Blatthorste schmiegen sich, kaum sichtbar, zwischen Wolfsmilch, Salbei und Heiligenkrautbüsche. Nun sind andere Gräser an der Reihe, die sich über Wochen auf ihr Schauspiel vorbereitet haben, lange nachdem die üblichen, eher kurzlebigen Blütenpflanzen von der Bühne abgetreten sind.

Calamagrostis × acutiflora 'Karl Foerster' erinnert inzwischen farblich an aschblondes Haar, attraktiv glatt, wie es heute Mode ist. Jeder Horst bildet eine Säule aus dünnen gebleichten Halmen, über denen sich, starr aufgerichtet, die Fruchtstände erheben. Von den blendenden Strahlen der tiefstehenden Sonne beleuchtet, die im Hintergrund lange Schatten erzeugt, wirkt dieses Bild wie eine helle Kreidezeichnung auf dunklem Papier – ein Muster aus Licht und Schatten. Zu dieser ausgeprägt vertikalen Form gesellt sich sehr schön ein anderes Gras, das anmutig weiblich erscheint und sich davor verneigt. Es ist *Stipa calamagrostis*, dessen weiche, fedrige Blütenstände einer Fontäne gleichen, die zusehends größer wird, da von der Mitte aus ständig neue Halme aufsteigen, während sich die alten bogenförmig nach außen neigen. Die Blüten sind in der Jugend schimmernd hellgrün und verblassen im Lauf der Reife zu einem zarten Rehbraun. In jedem Stadium unterstreicht das Pfriemengras die Wirkung von Licht und Wärme, wenn sich die zahllosen Halme über den glänzenden Rosetten der Bergenien wiegen und sich kontrastreich von den intensiv rosaroten und braunen Blütenständen von *Sedum* 'Matrona' abheben – all dies vor dem Hintergrund des tief pflaumenfarbenen Laubs von *Berberis* × *ottawensis* fo. *purpurea* 'Superba'.

Es soll Gartenfreunde geben, die *Holcus mollis* 'Albovariegatus' gänzlich meiden, da das Honiggras sehr lästig werden kann, wenn es an der falschen Stelle wuchert, wie etwa zwischen geschätzten alpinen Pflanzen; aber hier ist mir der flache Teppich willkommen, der im Herbst teilweise unter dem kupferfarbenen Eichenlaub verschwindet. Den ganzen Sommer über bildet das Gras zwischen den Nachbarpflanzen einen leuchtenden Kontrast in Farbe und Struktur. An den kriechenden, langen und dünnen Ausläufern stehen zarte Blättchen mit breiten weißen Rändern, die in der Mitte von einem schmalen grünen Streifen durchzogen sind; im Frühjahr wirken sie mit ihrem frischen Laub wie ein weißer Teppich, ebenso im Herbst, wenn der heiß ersehnte Regen einen Neuaustrieb bewirkt hat. Obwohl es sich hemmungslos ausbreitet, lässt sich dieses Gras leicht entfernen; es gedeiht im Schatten, aber auch an exponierten Stellen. In die Lücken, die das im Winter beinahe vollkommen einziehende Gras hinterlässt, habe ich eines meiner Lieblingsschneeglöckchen, *Galanthus* 'James Backhouse', gepflanzt, das im Februar das grüne und weiße Muster nachvollzieht. Nachdem die Schneeglöckchen verblüht sind, wird das Grün-Weiß mit dem panaschierten Honiggras wieder fortgesetzt.

Poa labillardierei ist wie geschaffen für trockenen Boden. Das Rispengras bildet einen großen ansehnlichen Horst aus harten graugrünen Blättern, die sich wie dünner Draht aufrollen, um die Feuchtigkeit zu halten. Darunter erscheinen den ganzen Sommer über ständig neue Rispen, die sich zu einem transparenten Fächer aus unzähligen, 1,25–1,75 m hohen Halmen formieren. Im Herbst bleichen die zierlichen Rispen aus, die am späten Nachmittag das Sonnenlicht filtern und schimmernd über *Colchicum* 'Rosy Dawn' stehen; in langen Streifen schmiegen sich die Herbstzeitlosen zwischen die tief eingeschnittenen, schirmartigen Blätter von *Geranium macrorrhizum*, die karmesinrot-, orange- und aprikosenfarben überlaufen sind. Um eine Vorstellung von der Gestalt dieses Grases zu vermitteln, habe ich es an anderer Stelle in schwereren Boden neben *Phormium tenax* der Purpureum-Gruppe gepflanzt. Obwohl das Gras nur halb so hoch wird wie der Neuseeländische Flachs, bilden die beiden ein interessant aufeinander abgestimmtes Paar, indem sie sich in der fächerförmigen Gestalt zwar gleichen, in der Struktur aber vollkommen gegensätzlich sind: *Phormium* hart und schwertförmig, das Gras duftig und leicht.

Erstaunt hat mich das aus Japan stammende Gras *Miscanthus sinensis* 'Yaku-Jima', das sich in dem nährstoffarmen, trockenen Boden des Kiesgartens zu einer stattlichen Gestalt entwickelt hat. Es ist inzwischen 1,5 m hoch, mit dem bemerkenswerten Durchmesser von 2,75 m. Es wird zwar nicht so hoch wie viele andere *Miscanthus*-Sorten, hat aber im Lauf der letzten fünf Jahre von der Mitte aus unzählige Halme gebildet, die seinen Umfang erweitern. Sie fächern sich immer weiter aus, sodass mich die Pflanze unwillkürlich an eine riesige Krinoline erinnert, die Lage um Lage aus zarten, spitzenartigen braunen Rispen besteht, durchwoben mit schmalem, bandartigem Laub in Kupfer- und Lohgelbtönen. Bescheidenere Nachbarpflanzen wie der weite Matten bildende, dunkelgrüne Thymian und der weißfilzige Woll-Ziest (*Stachys byzantina*) sonnen sich in ihrem Glanz.

Eragrostis curvula hat über Wochen immer wieder mein Interesse geweckt. Wie bei vielen Gräsern dauert es eine Zeit, bis sie kräftige Horste gebildet hat und die nötige Fülle an blühenden Halmen entwickelt. Vereinzelte spärliche Stängel würden kaum zur Geltung kommen, aber zu Hunderten sind sie beeindruckend. Obwohl sich die Blattspreiten und Blütenstände mit nahezu den gleichen Worten beschreiben ließen wie beispielsweise bei *Poa* oder *Calamagrostis*, ist dieses Gras im Charakter gänzlich anders. *Eragrostis* ist niedriger und noch dichter mit haarfeinen Halmen besetzt, die einzeln vor dem schattigen Hintergrund aufleuchten, als ob ein Funkenregen in der Sonne versprühte.

Es ist gar nicht so einfach, sich den seltsamen Namen *Oryzopsis miliacea* zu merken; aber dieses Gras zieht in einer Ecke unweigerlich die Blicke auf sich und erfreut uns den ganzen Sommer und Herbst über bis in den Winter hinein. Wie viele Gräser kommt es an einer freien Stelle am besten zur Geltung, zwischen Nachbarn also, die alle sehr viel niedriger sind, damit nichts den Anblick der wunderschönen fedrigen Wedel an den 90–120 cm hohen Halmen stört. Thymian, Immergrün und andere niedrige teppichbildende Pflanzen eignen sich gut als Partner, während *Agapanthus* (nicht zu dicht daneben), in der Blüte oder mit Samenansatz, eine gewisse Solidarität zu bekunden scheint. Dieses Gras versamt sich wahllos, insbesondere auf nacktem Boden. Nach unserer Erfahrung schneidet man es am besten nach dem ersten Flor zurück, bevor sich Samen gebildet haben; es wächst dann ganz rasch wieder nach und sieht bis in den Winter hinein hübsch aus.

Das Kleine Präriegras oder Prärie-Bartgras aus der Kurzgras-Prärie Nordamerikas hieß noch *Andropogon scoparius*, als ich es vor mehreren Jahren in der Natur kennenlernte; inzwischen haben es die Botaniker in *Schizachyrium scoparium* umbenannt. Als Christopher Lloyd und ich auf dem Rückweg von einer Vortragsreise in Melbourne und Toronto über Minnesota kamen, nahmen wir gern die Gelegenheit wahr, einige vertraute Gartenpflanzen wildwachsend in der beschämend kleinen, nur noch ein Prozent umfassenden ursprünglichen Prärie zu sehen – lediglich kleine Refugien sind noch erhalten, nachdem Millionen von Hektar rigoros für die Produktion von Mais und Schweinen umgebrochen wurden. Man unterscheidet zwei Arten von Prärien: die sogenannte Langgras-Prärie auf tiefgründigem, nährstoffeichem schwarzem Boden mit üppigen Gräsern und eindrucksvollen Stauden; fasziniert war ich von *Helianthus tuberosus*, den wir im Gemüsegarten als Topinambur ziehen. Die Kurzgras-Prärie hingegen steht auf flacherem, nährstoffärmerem Boden. Von all den Pflanzen, die wir in ihrer natürlichen Umgebung sahen, begeisterten uns aber am meisten die Gräser, wenn sie bei tiefstehender Sonne leuchteten: unvergesslich das Kleine Präriegras. Es fand sich tatsächlich überall, wie geschaffen für Trockensträuße, mit seinen üppigen kniehohen Horsten, über deren nadelartigen Halmen Wolken silbriger Blütenähren stehen, jung zunächst blaugrün und im Herbst in ein warmes Kastanienrot übergehend. Vertraut waren uns aber auch das blaugraue Zierliche Schillergras, *Koeleria macrantha*, eine eindrucksvolle Pflanze für den Rabattenrand, der Blauschwingel,

Festuca glauca, und *Bouteloua gracilis* (syn. *Chondrosum gracile*). Eingewoben wie ein immer wiederkehrendes Motiv waren in das farbige Gewand der Prärie aber auch die rauchgrauen Bänder von *Artemisia ludoviciana*. Ich muss zu meiner Schande gestehen, dass sich bis jetzt lediglich ein einziges kleines Prärie-Bartgras in meinem Kiesgarten befindet. Hier bilden seine extrem feinen, blaugrauen Blattspreiten den ganzen Sommer über einen schlanken aufrechten Horst von 60 cm Höhe (in nährstoffreicherem Boden auch 70 cm), der zwischen den niedrigen, mattenformenden Pflanzen gut zur Geltung kommt. Es entwickelt eigenartige schlanke Ähren mit länglichen Samen; im Herbst nimmt die ganze Pflanze eine gedämpfte bronzepurpurne Tönung an. In der Natur reicht die Palette der Herbstfarben von Bronze bis zu flammendem Orangerot. Ich habe gelesen, dieses Gras sei stark aussamend. Obwohl ich lieber Gräser empfehle, die sich nicht aussäen oder wuchern, kann ich diese Eigenschaft auch nicht rundum verdammen. Schließlich würden wir uns um die Freude an zahlreichen Blütenpflanzen bringen, wenn wir nicht auch bereit wären, zu verhindern, dass sie lästig werden. Und an manchen Stellen könnte eine Wiese aus Bartgras genau die gewünschte Wirkung ergeben.

Bouteloua gracilis gehört zu den wichtigsten Gräsern der Kurzgras-Prärie. In Gruppen an einem Rabattenrand entfaltet es einen eigenartigen Charme, aber auch einzeln zwischen zierlicheren Pflanzen. Die steifen kleinen Blütenähren, in der Jugend silbrig-weiß und als Fruchtstände braun, sitzen abgewinkelt an drahtigen, 50 cm hohen Halmen; sie erinnern mich an den kleinen Tischbesen, mit dem ich als Kind die Krümel vom Tischtuch abfegen musste. Ihre Ähnlichkeit mit Moskitolarven hat ihnen den Populärnamen Moskitogras eingetragen. Nach dem ersten Frost färbt sich die ganze Pflanze purpurviolett und bleicht im Winter strohgelb aus. Sie verträgt extreme Kälte und Hitze.

Der Blauschwingel, *Festuca glauca*, bildet mit seinen Puderquasten gleichenden, dichten Horsten aus schmalen, graublauen, eingerollten Blättern bemerkenswerte Akzente. Es gibt mehrere Sorten. *F. g.* 'Elijah Blue' dürfte das klarste Blau haben. *F. g.* 'Golden Toupee' bildet ausladende Tuffs aus leuchtend gelbgrünen, fest eingerollten Blättern. Die fedrigen Blütenstände werden 30 cm hoch und wirken zwischen flachen Thymianmatten höchst beeindruckend. *F. valesiaca* 'Silbersee' ist mit 10–30 cm Höhe klein und kompakt, mit silbrig blauen Blättern.

Alle diese Schwingelarten brauchen gut durchlässigen Boden und volle Sonne. Zu trockene Standorte oder zu nasse Winter führen unter Umständen dazu, dass sie von der Mitte her absterben. Es empfiehlt sich, sie in diesem Fall zu teilen und gesunde Partien im Frühjahr neu zu pflanzen. Etablierte Horste werden etwa 10 cm über dem Boden zurückgeschnitten, damit sie ansehnlich bleiben.

Wie Sonnenstrahlen schwingen die bogenförmigen, lebhaft blaugrauen Halme von *Helictotrichon sempervirens* nach außen, die im Hochsommer mit haferähnlichen fedrigen Blütenrispen besetzt sind; nach dem Austrieb bläulich-weiß, verblassen sie zu braungelben Fruchtständen. Die Pflanzen werden 30–45 cm hoch und ebenso breit, wobei die Blütenstände 30–60 cm über den Blättern stehen. Mit ihrer unübersehbaren Form und Farbe wirken sie den ganzen Sommer über beeindruckend. Man pflanzt sie am besten einzeln, um über niedrigeren Partnern Akzente zu setzen. In Gruppen benötigen die Pflanzen Raum, um ihr einzigartiges Blattwerk und die schönen Blütenrispen entsprechend zur Geltung zu bringen.

Noch immer entfalten diese vom Wind zerzausten Gräserhorste eine gewisse Schönheit, wie sie gleich einer komplex strukturierten Federzeichnung vor den dunklen Schatten stehen.

Das große Blaugrüne Schillergras, *Koeleria glauca*, ist dem Blau-Schwingel nicht unähnlich, wirkt aber kompakter. Die kuppelförmigen Horste aus einander überlappenden Blattspreiten, die in Höhe und Breite bis zu 30 cm erreichen, werden als Akzente, als Einfassung oder als Gruppen im Vordergrund einer gemischten Rabatte geschätzt; aber auch einzeln zwischen alpinen oder kleinen Pflanzen machen sie sich gut. Um ihre frische Wirkung zu erhalten, sollten sie alle zwei Jahre im Frühjahr durch frisch geteilte Pflanzen ersetzt werden.

Die riesige Gattung der *Pennisetum*-Arten (Federborstengras) bringt einige der schönsten Blütenstände unter den Ziergräsern hervor. Sie benötigen in der Regel heiße Sommer und ausreichend Feuchtigkeit, um im Spätsommer und Herbst ihre Wirkung zu entfalten. In meinem Kiesgarten verwende ich *Pennisetum orientale*. Dieses Gras entwickelt in einem warmen Sommer kompakte Kuppeln aus feinen schmalen Blättern, über denen flaumige Blüten stehen. Sie baumeln als walzenförmige, dichtbehaarte Ähren wie weiche grauviolette Raupen an den dünnen drahtigen Halmen, die bis zu 45 cm hoch werden. *P. villosum* verträgt keinen strengen Frost, ist aber so schön, dass sich die Mühe lohnt, es einzutopfen, um es frostfrei zu überwintern. Über den Grasblättern erscheinen ununterbrochen pelzig weiße, raupenartige Blütenähren, die beim Austrieb im Juli, August seidig grünweiß leuchten und mit der Reife cremeweiß verblassen. Die Horste in meinem Kiesgarten verweben sich zwischen den Stängeln von *Gaura lindheimeri* und

Gegenüber:
Bereits Anfang Januar halte ich Ausschau nach diesem süß duftenden Schneeglöckchen, *Galanthus* 'James Backhouse'. Schon ein paar wärmende Sonnenstrahlen genügen, damit es seine langen, schmalen Kelchblätter waagrecht ausstreckt. Die gemischte Bepflanzung aus Gräsern und Immergrünen stellt eine kräftige Kombination ausgeprägter Formen und zurückhaltender Farben dar. Die dunkelgrüne *Berberis verruculosa* verbindet sich sehr schön mit dem gedämpft schwefelgelben Laub von *Salvia officinalis* 'Icterina'.

Verbena bonariensis, einer Kombination, die unsere Besucher und uns bis in den Herbst hinein alljährlich bezaubert.

Eine der schönsten Vertikalen ist das Riesen-Federgras, *Stipa gigantea*, besonders früh morgens oder abends im Sonnenlicht; es stammt ursprünglich aus Spanien und den Bergregionen Portugals. Aus den dichten, immergrünen Tuffs mit ihren fein gerollten Blättern schießen zahlreiche, bis 1,75 m hohe Halme auf, an denen lose Rispen haferartiger, metallisch wirkender Blüten stehen. Lange goldene Grannen und goldene Staubblätter, die schon beim geringsten Lüftchen zittern, steigern die schimmernde Wirkung.

Das Mexikanische Federgras, *Stipa tenuissima*, zeichnet sich durch weiche Horste aus haarfeinen Gräsern und ein schier nicht endendes Schauspiel der 60 cm hohen silbergrünen Blütenrispen aus, von denen jedes einblütige Ährchen in einer langen seidigen Narbe endet. Wenn sich die zierlichen Federbüschel und das frische grüne Laub beim zartesten Windhauch wiegen, entsteht eine geradezu magische Wirkung, insbesondere zwischen Margeritenblüten. Um die Samenbildung einzudämmen, schneiden wir die reifen Blütenhalme im Hochsommer zurück. Sie fehlen nicht, da bis in den Herbst hinein ständig neue folgen, die ihren Zauber bewahren, bis sie im Frühjahr zurückgeschnitten werden. Die Sämlinge können zwar lästig sein, lassen sich aber, da man sie leicht erkennt, ganz einfach ausreißen.

ZEICHEN NEUEN LEBENS

Schon in der ersten Januarwoche macht sich das Erwachen neuen Lebens im Garten bemerkbar. Das Wetter war über mehrere Wochen so mild, dass man den Winter schon fast vergaß. Die Blätter von *Arum creticum* sind bereits herausgekommen; sie dringen durch den Teppich aus Eichenlaub, das sich zwischen *Euphorbia epithymoides* und den dürren, blattlosen Stängeln von *Phyla nodiflora* verfangen hat, die nur darauf warten, zurückgeschnitten zu werden. Sobald sich der Boden erwärmt, werden Sämlinge der Jungfer im Grünen und *Omphalodes linifolia* im Nu die Lücke füllen. *Phyla nodiflora*, die mich im Spätsommer und Herbst mit so großer Bewunderung erfüllt, wird nun einige Monate ruhen, bevor sie sich entschließt aufzuwachen, um uns später im Jahr zu überraschen.

Die kompakten grasartigen Horste von *Ipheion uniflorum* erzeugen eine leuchtend grüne, beinahe wiesenhafte Wirkung neben einem großen Flecken Bergenien, inzwischen über und über in dunkles Weinrot getaucht. Die stolzen Triebe von *Euphorbia characias* subsp. *wulfenii* entfalten bereits Büschel erbsengrüner Knospen. „Zu früh“, möchten wir ihnen zurufen, denn noch liegen Januar und Februar vor uns.

Galanthus 'James Backhouse' entfaltet seine ersten Blüten, sobald die Knospen dieses süß duftenden Schneeglöckchens zwischen den Steinen hervorbrechen. Wenn es draußen zu kalt ist, um den zarten Duft wahrzunehmen, holt man ihn in einem kleinen Strauß ins warme Zimmer. Im Garten wachsen die Triebe allmählich bis zu einer Höhe von 25–30 cm heran und tragen mit langen, schmalen Kelchblättern eingefasste Blüten, die im winterlichen Sonnenlicht soweit aufspringen, dass jede Blüte von „Flügelspitze“ zu „Flügelspitze“ beinahe 7 cm Durchmesser erreicht und die leuchtend erbsengrüne Kuppel an der Basis jedes eingerollten inneren Blütenblatts enthüllt. Die Zwiebeln, die wir vor vier Jahren pflanzten,

Oben:
Stachys byzantina 'Primrose Heron'

Unten:
Galanthus 'James Backhouse'

haben sich inzwischen so gut vermehrt, dass wir sie herausnehmen und teilen müssen, sobald die Blüten zu welken beginnen; auf diese Weise können wir das einladende Bild auf die Rabatte am Eingang ausdehnen, die von der × *Cuprocyparis-leylandii*-Hecke geschützt wird.

Bei einem Gang entlang der Rückseite der Rabatte vergewissere ich mich, ob wir genügend Jungpflanzen von *Verbascum bombyciferum* haben, um in den geeigneten Lücken die graufilzigen Kandelaber aufsteigen zu lassen und so für die dringend benötigten und anhaltend wirkungsvollen Vertikalen zu sorgen, die den Blick über den Rest der Bepflanzung lenken. Dabei stoße ich auf Sämlinge, die von selbst aufgegangen und manchmal schon zu ansehnlichen Pflanzen herangewachsen sind, aber entfernt werden müssen, weil sie voll ausgewachsen ihre Nachbarn erdrücken würden. Manche lasse ich stehen, weil ich weiß, dass sie mir dort gefallen werden – am Rand des Wegs etwa, zwischen kleinen Pflanzen, wo ich wohl nie auf die Idee gekommen wäre, sie hinzusetzen. Und doch kann der Überraschungseffekt bisweilen aufregender sein als eine bis ins Kleinste geplante Gestaltung.

In milden Wintern empfiehlt es sich, die frühen Triebe, wie sie bei Euphorbien und *Sedum* auftreten, im Auge zu behalten, und die harten spitzen Reste der letztjährigen Triebe möglichst dicht über dem Boden abzuschneiden; abgesehen davon, dass es sehr mühsam ist, macht man Vieles kaputt, wenn man sich erst dann damit befasst, wenn Platz für die jungen Triebe geschaffen werden muss.

Astelia chathamica (syn. *A.* 'Silver Spear') mit ihren schönen silbern schimmernden, schwertförmigen Blättern, schützen wir mit einem Vlies, das rundum angestäbt wird, obgleich dieser spärliche Schutz bisher weder getestet noch gebraucht wurde. Keinen Winterschutz benötigt das strauchige Geißblatt *Lonicera × purpusii*, das Jahr für Jahr von Januar bis März seinen süßen Duft verbreitet, vorausgesetzt, es herrschen keine arktischen Temperaturen.

Im Hochsommer würde ihm wohl niemand einen Ehrenplatz im Garten zuweisen, aber im Winter verdient es eine Stelle, an der man sich beim Vorbeigehen immer wieder freut. Bei mir ist das Geißblatt – wie könnte es anders sein – Teil der Gestaltung jenes begünstigten Inselbeets entlang der Auffahrt beim Haus (s. Plan Seite 18/19. Von dort aus kann ich seine kahlen Zweige sehen, die über und über mit geschwollenen grünen Knospen besetzt sind; jede öffnet sich zu einem Paar cremeweißer, pausbäckiger Geißblattblüten, wobei ihr süßer Wohlgeruch an Frühlingsblumen wie Maiglöckchen oder Hyazinthen erinnert. Ich lasse mich immer wieder verführen, ein paar Zweige für das Haus zu schneiden, aber in der warmen, trockenen Zimmerluft fallen sie ganz schnell ab; draußen sind sie schöner und viel länger haltbar. Ich schneide den Busch gern unmittelbar nach der Blüte zurück, bevor zu viele junge Triebe erscheinen und ein regelrechtes Dickicht entsteht.

DAS DÜNGEPROGRAMM DER NATUR

Immer wieder werde ich gefragt, wie wir die Pflanzen im Kiesgarten düngen – ob wir den Kies wegkratzen, um Kompost einzuarbeiten oder ob wir Flüssigdünger spritzen. Die Frage lässt sich nicht generell beantworten. Die meisten Pflanzen, die ich für diesen Bereich ausgewählt habe, kommen ohne zusätzliche

Düngung aus; sie würden durch eine Überdüngung sogar ihren Charakter einbüßen und bei einer plötzlich auftretenden Hitzewelle ohne genügend Feuchtigkeit wesentlich schneller eingehen. Ebenso werden Pflanzen wie *Cistus* und *Ballota* im Winter eher Opfer eines abrupten Witterungsumschwungs – Nässe und Frost im Wechsel –, wenn sie in nährstoffreichem Boden zu üppig gewachsen sind, während jene, die sich mit magerer Kost in gut durchlässigem Boden zufriedengeben mussten, sehr viel widerstandsfähiger und robuster sind. Euphorbien, Artemisien, die meisten graulaubigen Pflanzen, Zwiebelblumen und kriechenden Thymiane finden sich in den warmen Ländern um das Mittelmeer an steinigen Hängen oder, wie die Kolibritrompete, *Zauschneria californica*, an trockenen Straßenrändern in Kalifornien. Diese Pflanzen werden von niemandem betreut; die Natur sorgt für sie. Es sind Überlebenskünstler. Da unser Boden an sich praktisch keine Nährstoffe enthält, versuchen wir den Jungpflanzen, wie bereits erwähnt, bei der Pflanzung einen guten Start zu geben, danach aber müssen sie sich selbst durchkämpfen. Die meisten schaffen es auch. Alles, was natürlich zerfällt und sich zersetzt, seien es Wurzeln, Blätter oder organische Abbauprodukte, die teilweise vom Wind angeweht werden, bleiben zwischen den Pflanzen hängen oder verfangen sich zwischen der Kiesdecke, bis sie in den Boden eindringen und von einer gesunden Population von Regenwürmern, nicht zu vergessen die Millionen (vielleicht sogar Trillionen) von Bakterien, die jeden Kubikzentimeter des Bodens bevölkern, in Pflanzennahrung umgewandelt werden. Gewiss, sich zersetzende Blätter können Fäulnis verursachen, insbesondere zwischen wolligen Laubpflanzen; was zu viel ist, wird weggeräumt, aber im Allgemeinen bleibt es liegen, zusammen mit anderen organischen Abfällen von den Pflanzen selbst; sie zersetzen sich allmählich und reichern den Boden an. Man darf, meine ich, was das Abräumen betrifft, auch nicht überpenibel sein, weil man dem Boden Nährstoffe entzieht. Früher habe ich oft meinen Eimer mit dem Unkraut und den abgeschnittenen Pflanzenresten am Fuß der Sträucher und größeren Pflanzen ausgeleert und keine Zeit damit vertan, sie mit dem Schubkarren zu einem entfernten Komposthaufen zu schaffen. (Heute erledigen es andere für mich, aber ich vermisse jene Tage, an denen ich, bis die Dämmerung hereinbrach, draußen arbeiten konnte.)

So ist es in der Regel ratsam, der Natur den Düngeplan zu überlassen. Ich mache aber ein paar Ausnahmen. Wo ich Bäume und Sträucher gepflanzt habe – im Hintergrund der 10 m breiten Rabatte entlang der Hecke und in der Mitte einiger Inselbeete –, wage ich es bis heute nicht, noch mehr Kies auf einen ohnehin fast nur aus Steinen bestehenden Boden zu häufen. Hier, wo es weniger auffällt, mulchen wir nach wie vor mit Stroh. Nachdem die alte Schicht verrottet ist, bringen wir im Herbst in dicken Lagen Stroh auf, wenn es unmittelbar nach der Ernte überall erhältlich ist und den ganzen Winter über Zeit hat, sich zu zersetzen. Hin und wieder verabreichen wir zusätzlich gut verrotteten Mist, um den Wuchs von Sträuchern zu fördern, die mir besonders am Herzen liegen, wie *Amelanchier*, *Abutilon*, einzelne Koniferen, große Stauden wie *Crambe* und *Kardone* und vor allem die *Eremurus*, unter dem Volksnamen Steppenkerzen bekannt. In meinem Garten sind sie im Frühjahr auf ausreichend Feuchtigkeit und Nährstoffe angewiesen, um die langen, riemenförmigen Blätter zu nähren, die die fleischigen, an Seesterne erinnernden, brüchigen, knolligen Wurzeln aufbauen.

SCHNEIDEN UND FORMEN

Auf Schnee oder richtig strengen Forst hatten wir gehofft, um unsere das Jahr über gemachten Fotos zu ergänzen, aber länger als ein paar Stunden wollten sich bis jetzt weder Frost noch Schnee halten. Ganz vorsichtig haben wir uns ans Schneiden gemacht und lediglich die gebrochenen Teile oder unansehlich sich kreuzende Stiele entfernt, die eine mit der Kamera eingefangene Szenerie verderben könnten; alles, was als Formelement weiterhin dekorativ wirkte und mit Raureif überzogen oder Schnee bedeckt auf Fotos so gut zur Geltung kommt, haben wir stehen lassen. Raureif bildet sich, wenn mildes, feuchtes Wetter plötzlich in Temperaturen um den Gefrierpunkt umschlägt. Dann entsteht aus der Luftfeuchtigkeit eine dichte kristalline Eisschicht, die das Laub, jeden Zweig und jede Blattspreite nachzeichnet. Auf diese Weise werden Strukturen sichtbar, wo vorher nichts als ein wirres Durcheinander zu sein schien, sodass selbst die Umrisse abgestorbener Reste, ob eckig, geschwungen oder gerade, ins Auge fallen.

Dank des milden Januarwetters konnten wir uns für andere wichtige Schnittmaßnahmen relativ viel Zeit nehmen. Die strauchigen Malven, einschließlich *Lavatera × clementii* 'Barnsley', die innerhalb eines Gartenjahrs mächtig an Wuchs zulegen, werden zum Schutz gegen Windbruch nun auf die Hälfte zurückgeschnitten. Sie können zwar Frostschäden erleiden, aber in der Regel passiert den verholzten Ästen nichts. Im März werden sie noch einmal auf etwa 75–125 cm über Bodenhöhe zurückgenommen; danach treibt das kräftige Wurzelsystem, das sich im letzten Jahr gebildet hat, rasch neue Triebe aus, um im Hochsommer einen schön geformten Busch von über 2 m Höhe zu bilden. Manchmal ist es allerdings besser, eine neue Pflanze zu setzen, die im Nu den ihr zugedachten Platz ausfüllt.

Zu den frühesten Sträuchern, um die wir uns kümmern müssen, gehören Geißklee und Ginster, *Cytisus* und *Genista*. Man kann sie zwar sich selbst überlassen – dann wachsen sie einfach weiter –, aber sie neigen dazu, unförmig oder einfach zu groß für den verfügbaren Raum zu werden. So bald wie möglich nach der Blüte ist die beste Zeit, um sie zurückzuschneiden. *Genista lydia* bildet in der Jugend eine schöne, ansehnliche Kuppelform, die bis auf Bodenhöhe in frischgrüne Triebe und Blätter gehüllt ist; so winzig und schmal sind sie, dass man sie kaum wahrnimmt. Auf diese Weise wird die Transpiration verringert – eine Anpassung an trockene Standorte. Wenn man sie nicht regelmäßig schneidet und alte Teile herausnimmt, steht man irgendwann, wie ich hier, vor einem Gestrüpp aus sparrigen, unbelaubten verholzten Ästen und nur noch in der oberen Hälfte mit grünen Zweigen bedeckt. Dies ist so hässlich, dass nur noch eines bleibt: den Ginster ganz herauszunehmen und durch eine Jungpflanze zu ersetzen oder den Platz für etwas anderes zu nutzen.

Jahr für Jahr genieße ich den Anblick der jungen Aetna-Ginster, *Genista aetnensis*. Sie müssen sorgfältig in Form gebracht werden (zumal sie mit der Zeit zu einem richtig großen Baum heranwachsen), damit sie ein kräftiges Grundgerüst, nicht aber zu viele Stämme bilden, die sich leicht spalten und das Gesamtbild verderben. Wir schneiden überflüssige Äste heraus, damit sich ein Einzelstamm bildet mit einer Fontäne bogenförmig überhängender Äste, die im Juli mit Blüten übersät sind, und entfernen die tief herabhängenden Zweige, die den darunter wachsenden Pflanzen nur schaden würden.

Die unerwünschten Ausläufer im Umkreis von *Rosa spinosissima* 'Falkland' wurden herausgenommen und eingetopft; sie sind für Besucher vorgesehen, die nach der altmodisch anmutenden Rose fragen, wenn sie sie in der Blütezeit erleben. Von Zeit zu Zeit müssen „alte Burschen" ersetzt werden. Dazu gehören verholzte und überalterte Exemplare von *Salvia officinalis*, diverse Formen von *Santolina*, *Helichrysum* und einige Euphorbien. Weil der Boden so durchlässig ist, können wir auch den Winter über beinahe an jedem Tag hinausgehen und die greisen Gesellen herausnehmen, den steinigen Boden darunter ausheben, in einen Schubkarren laden und einen Spaten tief durch eine Schicht besserer, mit gut verrottetem Kompost angereicherter Erde ersetzen. Diese Bereiche sind dann bereits für kräftige Jungpflanzen im Frühjahr vorbereitet, aber auch für Zwiebelblumen wie Lilien oder *Allium*, die wir in Töpfen vorziehen. Aber diese Sonderbehandlung einzelner Flecken bedeutet keineswegs, dass ich Pflanzen einfügen könnte, die auf einen sehr viel nährstoffreicheren, feuchten Boden angewiesen sind, wie *Delphinium*, *Astrantia* oder *Rudbeckia*. Wie sehr wir den Boden auch verbessern würden, keine Einzige wäre im Kiesgarten überlebensfähig, wenn sich die Temperaturen um 26 °C einpendeln und wir im Hochsommer oft acht Wochen keine messbaren Niederschläge haben.

DER KLEINE KIESGARTEN

Seite 162:
Der kleine Kiesgarten wurde als Refugium für die vielen kleinen Pflanzen angelegt, die für den großen Kiesgarten zu zierlich wären und darin nicht zur Wirkung kämen. Er besteht aus fünf Inselbeeten. Manche Besucher finden in dem einen oder anderen Beet Anregungen für die Gestaltung ihres Vorgartens. Bei der Bepflanzung bekamen David und ich aber auch mit, wie ein Paar hinter uns meinte, der ganze Bereich lasse sich sehr gut auf den hauseigenen Tennisplatz übertragen. Und schon machten die beiden kehrt, um ihre Idee zu verwirklichen.

Eines der wenigen Probleme, die in den vergangenen sieben Jahren im großen Kiesgarten auftraten, war die Schwierigkeit, kleine, besondere Pflanzen, die ebenfalls auf einen sonnigen und gut durchlässigen Standort angewiesen sind, unterzubringen. Es war hauptsächlich eine Frage der Größe und der Pflege. Als der Garten allmählich reifte, waren wir einerseits froh um die starkwüchsigeren Sträucher und Stauden, die eine 0,35 Hektar messende Fläche auszufüllen halfen, andererseits aber auch betrübt, dass die vielen kleinen, sonnenliebenden Pflanzen einfach überwuchert wurden.

Veränderungen innerhalb der Gärtnerei sowie die Pläne für den Bau eines kleinen Teehauses in der Nähe des Eingangsbereichs zum großen Kiesgarten bescherten uns überraschend einen Standort für einen neuen Garten, der zum Refugium für die kleinen Schätze werden sollte. Der mediterrane Garten, den wir hier vor fast vierzig Jahren angelegt hatten, bedurfte einer Überholung – auch Gärten werden älter, genau wie ihre Besitzer. So können neue Ideen, verbunden mit einem „Umzug“ der Pflanzen, neue Gartenfreuden bereiten.

Obwohl ich seit sechsundfünfzig Jahren im Garten wirke (seit meiner Heirat), überkommt mich manchmal noch immer ein Gefühl der Verunsicherung, wenn ich vor einer großen, freien Fläche stehe, die es zu verwandeln gilt. So viele Möglichkeiten und Variationen bieten sich an, und hier wollte ich wirklich etwas ganz anderes schaffen, hauptsächlich mit kleinen Pflanzen und einigen der bewährten Steingartenpflanzen, die wir im Lauf der Jahre gesammelt haben. Seit ich vor vierzig Jahren erstmals die Chelsea Flower Show besuchte, kann ich ermessen, wie viel Geschick und Fachwissen kleine Spezialgärtnereien aus Schottland und anderen Teilen der Britischen Inseln, wo es naheliegend ist, alpine Pflanzen zu ziehen, mitbringen. Sie breiten ihre Schätze auf den kaum tischgroßen Ständen aus, wie Juweliere ihre Edelsteine auf einem Tablett. Ich habe kaum Erfahrung mit echten Alpenpflanzen, die weitgehend auf ganz ähnliche Bedingungen angewiesen sind, wie sie in den felsigen Hochlagen herrschen, an die sie angepasst sind; außerdem habe ich auf Wanderungen in den Alpen gelernt, wie trügerisch Standortbedingungen sein können – Pflanzen, die an felsigen Steilhängen in der Sonne zu braten scheinen, werden durch unterirdisches Schmelzwasser aus Gletschern gespeist. Dies aber können wir nicht nachahmen. Und doch gibt es zum Glück für alle Gartenfreunde eine Fülle schöner und interessanter, kleiner winterharter Pflanzen, die sich leicht ziehen lassen. Viele geben sich mit gut dräniertem Boden zufrieden – bevorzugen ihn oft sogar –, während andere bestens auf Trockenheit eingestellt sind.

Es wäre mir aber nie in den Sinn gekommen, hier, im flachen Ackerland von Essex (mithilfe von herbeigeschafftem Kalkstein aus Yorkshire!) einen alpinen Steingarten anzulegen. Von Bergwanderungen auf Korsika und in der Schweiz wusste ich, dass Pflanzen auf Geröllhalden – sonnengedörrtem Boden zwischen vom Frost gesprengtem Felsgestein – dank eines tiefreichenden Wurzelsystems überlebensfähig sind und selbst Lawinen trotzen. Mein Kiesboden unterscheidet sich in der Struktur nicht wesentlich, obwohl das Gelände flach ist. Aber ich hatte mit den fünf Beeten in meinem kleinen Kiesgarten keineswegs vor, einen Steingarten zu schaffen, sondern vielmehr zu zeigen, wie ein räumlich beschränkter Bereich über eine möglichst lange Zeitspanne im Jahreskreis attraktiv wirken kann.

DIE BODENARBEITEN

Der für den kleinen Kiesgarten vorgesehene Bereich war etwa 30 m lang und 17 m breit; er befindet sich auf der Südseite unseres niedrigen Terrassenhauses. Parallel zum Haus verläuft eine Mauer in Nord-Süd-Richtung, die den Garten von der Gärtnerei trennt. Innerhalb dieser Mauer umgab unser ehemaliger mediterraner Garten die Südwestseite des Hauses. Ich entschloss mich, einen Teil der Mauer abreißen zu lassen – gerade so weit, um unser aus einer Holzrahmenkonstruktion bestehendes Gewächshaus einzufügen. Auf diese Weise würde es von der Gärtnerei aus bequem erreichbar sein und für unseren neuen Garten zugleich einen reizvollen Hintergrund bilden.

Der Hochsommer war die beste Zeit, das Gewächshaus abzuschlagen, denn kaum eine der Pflanzen benötigt während der heißen Monate Schutz. Vorsichtig nahm David Plummer, unser versierter Handwerker, die Glasscheiben heraus, verstärkte, wo erforderlich, die Holzkonstruktion, und löste schließlich den Holzrahmen von den Bohlen, die als Fundament dienten. In der Zwischenzeit war am neuen Standort ein Zementunterbau entstanden. Am Donnerstag, den 2. September 1997, um 8.30 Uhr sollte das große Ereignis von statten gehen, und ich wollte unbedingt miterleben, wie acht meiner Männer mithilfe der Praktikanten, die im Sommer bei uns sind, den Rahmen unseres fünfunddreißig Jahre alten Gewächshauses an den neuen Standort beförderten. Obwohl das Gewicht für die Männer einen Kraftakt bedeutete, verlief alles ohne Zwischenfälle – ich konnte wirklich stolz auf sie sein! Erfreut betrachtete ich das Ergebnis: Das Gewächshaus kam hier viel besser zur Geltung als an seinem alten Standort.

Was aus dem alten Garten auch nur irgendwie verwertbar war, wurde fürsorglich gerettet. David Ward hatte die seltenen Fritillarien schon in Sicherheit gebracht, als sie nach der Blüte einzogen, ebenso einige winzige Schätze aus dem ursprünglichen kleinen Kiesbeet, für die wir eigens einen Bereich in einem der Folien-Gewächshäuser reserviert hatten; eingetopft warteten sie hier, zusammen mit neu eingeführten Pflanzen, auf eine neue Heimat. Wo erforderlich, wurden Stecklinge geschnitten, aber Arten, die bereits im großen Kiesgarten vertreten waren, sollten hier nicht noch einmal aufgenommen werden.

Als Nächstes hieß es, die obere Bodenschicht spatentief abzutragen, weil sich einige Pflanzen im Lauf der Jahre wie Unkraut ausgebreitet hatten und anders nicht zu entfernen waren. Manche, wie *Crocus tommasinianus*, die sich überall aussäen, hatten hier einfach nichts verloren. Andere, wie das Scharbockskraut, sind von anderswo hereingekommen; wahrscheinlich waren ein paar kümmerliche kleine Brutknöllchen in den Kompost geraten. Zum Abnehmen der Erdschicht benutzten wir einen Schaufelbagger, der vor den Traktor montiert wurde.

Das einzige Element, das von der ursprünglichen Bepflanzung erhalten blieb, war ein Judasbaum, *Cercis siliquastrum*, der etwa 5 m hoch über der Mitte des flachen, etwa tennisplatzgroßen Bereichs aufragt. Mit gemischten Gefühlen betrachtete ich im Winter des Jahres 1997 den bis auf dieses Gehölz leeren Platz – ich vermisste die Sicherheit, die mir die vertraute Bepflanzung gegeben hatte und wusste, dass es Zeit und Mühe kosten würde, so nahe beim Haus etwas wirklich Schönes zu schaffen.

DER ENTWURF DER BEETE

Es war mir durchaus klar, dass es Geduld erfordern würde – nicht nur bis meine Vorstellungen für die Gestaltung der Beete realisierbar wären, sondern auch, bis mein Team neben der anstrengenden Arbeit in der Gärtnerei die harte und schwere Bodenvorbereitung bewältigt haben würde. Eines Morgens, im Hochsommer des Jahres 1998, fühlte ich mich auf einmal motiviert, den ersten Schritt zu tun. Ich sammelte alle unsere langen gelben Gartenschläuche und zog sie an Ort und Stelle, um den Entwurf, der in meinem Kopf noch immer am Keimen war, auf den Boden zu übertragen. Der alte Garten war auf geraden Linien, geraden Wegen und rechteckigen Beeten aufgebaut gewesen. Ich wollte mich aber von diesem starren Raster ganz lösen und stattdessen sanft geschwungene Konturen schaffen, um die Form der reifen Bepflanzung, die hier bereits bestand, aufzugreifen, obwohl es zunächst gar nicht so einfach war, diese Idee mit den geraden Linien des Gewächshauses und der unterbrochenen Mauer in Einklang zu bringen. Um die Mittagszeit kristallisierte sich ein Entwurf aus runden Beeten mit Wegen dazwischen heraus, aber noch kämpfte ich mit dem Judasbaum; um die Wurzeln zu schonen, war er auf einer kleinen Insel aus Erde stehen geblieben. Als David herüberkam, um zu schauen, wie es voran ging, nahm er mir den Schlauch aus der Hand, schwang ihn einige Male und schuf ein sehr viel größeres Beet, als ich vorgesehen hatte, und mit einem Mal schien sich der gesamte Entwurf wie von selbst zusammenzufügen: Er bestand ganz einfach aus fünf unregelmäßigen Inseln, die zu einem Rundgang einluden. Erleichtert atmete ich auf!

Im Juli 1998, als die Hektik der Vermehrungsarbeiten in der Gärtnerei am Abklingen war, wurde mit Spitzhacken, Hauen und Grabgabeln der harte, steinige Unterboden dieser Inselbeete aufgebrochen. Nachdem wir uns in einem Handbuch noch einmal über die Anlage von Geröllbeeten vergewissert hatten, stand fest, dass wir uns um die Dränage kaum zu sorgen brauchten, zumal nichts als gelber Sand und Steine zum Vorschein kam. Wichtiger war vielmehr, genügend verbesserten Oberboden herbeizuschaffen, um den Boden, den wir abgenommen hatten, zu ersetzen. Wieder einmal erwies sich der Traktor mit Hänger als große Hilfe. Er ersparte uns das endlose Hin und Her mit dem Schubkarren, das letztlich Zeitverschwendung ist. Unsere Bodenmischung bestand aus selbst bereitetem Kompost, Holzasche und unkrautfreiem Oberboden vom Gelände, auf dem das neue Teehaus entstand. Er enthielt so viel Kies und Steine, dass auch die Dränage in der Oberbodenschicht gewährleistet war. Anfangs waren die neuen Beete sehr viel höher als die Wege darum herum, sodass ich unwillkürlich an Hundegräber denken musste, die sich auf diesem flachen Gelände völlig absurd ausnahmen. (War ich dabei, einen Riesenfehler zu machen?) Ursprünglich hatte ich mit dem Gedanken an Hochbeete gespielt, um die kleinen alpinen Pflanzen optimal zur Geltung zu bringen; aber dann hatte ich Bedenken gegen so viel Mauerwerk für ein paar Schaubeete, die wie rechteckige Schachteln oder runde Brunnenschächte aussehen würden.

Das Terrain hat ein leichtes Gefälle nach Westen hin zum restlichen Garten, der über eine kleine Böschung zum Wassergarten in der Senke hinunterführt. Allmählich erkannte ich, wie sich das Bild verbessern ließ: Wir mussten die Beete leicht abschrägen und den Boden so umschichten, dass sanfte Hügel entstanden. Als

Befestigung schwebte mir eine Steineinfassung vor, die sich in der Höhe der Schrägung der Beete anpassen und gleichsam wie Augenbrauen herumlegen sollte. Mit einer groben Skizze veranschaulichte ich, dass die Einfassung an einer Seite höher sein und sich bis auf Wegebene absenken müsste. Nun blieb uns nur noch, beim gemeindeeigenen Bauhof anzufragen, ob ein Vorrat an gebrochenen Steinplatten verfügbar wäre, die wir kaufen könnten. Wir hatten Glück, denn wir bekamen sie, wenn wir sie selbst mit dem Lieferwagen abholten, zu einem recht günstigen Preis. Wo es einen guten örtlichen Naturstein gibt, würde man selbstverständlich diesen vorziehen. Da wir aber wirklich nur Sand und Kies haben, finde ich den daraus gefertigten Betonstein hier keineswegs unpassend.

Nun mussten die Schläuche noch einmal ausgelegt werden, um uns einen Überblick über die einzelnen Rundungen im Verhältnis zum Nachbarbeet zu verschaffen, zugleich aber auch, um die hier schmalere, dort breitere Linienführung der Wege überprüfen zu können, und ein in sich organisch wirkendes Gesamtbild zu schaffen.

DIE STEINARBEITEN

Die erste Mauer, die zu bauen war, diente zur Einfassung der langen, leicht geschwungenen Rabatte, die das Gewächshaus und die Begrenzungsmauer zur Gärtnerei säumt. Es war die wichtigste Linie, die vorab zu stimmen hatte, weil sie einen Bezug zu den über die gesamte Länge verteilten Inselbeeten herstellen musste. Zunächst wurde ein flacher Graben ausgehoben und mit einer Zementmischung als Fundament gefüllt. Dann wurden die eigens in Form geschnittenen Steinplatten in vier Lagen aufeinander gelegt – eine Höhe, die mir in der Proportion zum Fundament des Gewächshauses gefiel, aber auch als Begrenzung eines schmalen Beets angemessen schien, denn sie war so hoch, dass einige Pflanzen darüberfallen konnten. Im Sichtbereich wurde der Zement sorgfältig aus den Fugen gebürstet, denn ich hoffte, die Mauer würde, wenn sie erst einmal fertig und mit der Zeit leicht verwittert wäre, wie eine Trockenmauer aussehen.

Die Inselbeete wurden auf die gleiche Weise eingefasst, wobei die Ummauerung natürlich nicht gleichmäßig hoch war, sondern im oberen Bereich des leicht abschüssigen Beets aus drei bis vier Lagen gebrochener Steinplatten bestand, und an der niedrigsten Stelle allmählich bis auf eine Lage zurückging, sodass die Einfassung hier beinahe in den Kiesweg überging. Mit der Wasserwaage vergewisserten wir uns, dass alle Lagen der Mauer waagrecht waren. David schnitt die oberste Lage der Steinplatten ungefähr rechteckig zu, um scharfe Ecken und Winkel zu vermeiden, denn das Ganze sollte schließlich nicht wie eine Bruchsteinmauer erscheinen. Wahrscheinlich nahmen wir alles sogar zu genau – innerhalb eines Jahres wächst nämlich Vieles einfach zu, aber ein schlechter Entwurf oder schlampige Arbeit lassen sich nicht kaschieren. Bauliche Elemente müssen an sich schon reizvoll wirken, um wirklich zu befriedigen. Genau dies empfand ich mit Genugtuung, als ich im Spätherbst 1998 vom Haus aus die schlichten geschwungenen Formen sah, obwohl noch keinerlei Bepflanzung da war.

Was nach wie vor ausstand, waren die Wege, und so blickte ich noch immer auf fünf große Kuchenformen, die über dem Gelände prangten. Es ließ mir keine Ruhe, bis die Wege auf die richtige Höhe gebracht waren. Da wir insgesamt mehr als einen Spaten tief Erde abgehoben hatten, war sehr viel Füllmaterial erforderlich. Als Erstes brachten wir mit dem Kipper mehrere Ladungen unseres eigenen steinigen Bodens auf, den wir von Gräben an anderer Stelle hatten. Dann orderten wir Kalksteingruß aus der örtlichen Kiesgrube. Er besteht in unserer Gegend aus einer leuchtend orangefarbenen klebrigen Masse aus gelbem Ton und Sand, die sich als Untergrund für Kieswege bewährt hat. Das Material wurde mit dem Rechen über die Wege verteilt und dann verdichtet, wie für die Aussaat von Zwiebeln.

Dann wurde gewaschener Kies (Körnung: 12 mm) aus der gleichen Grube aufgebracht – Keith Page wies die Leute an, wie sie die Schubkarren kippen und drehen mussten, um die Steine in gestaffelten kleineren Häufen abzuladen, die sich leichter flachrechen lassen als ein großer Berg. Am Schluss wurde der Kies mit einer schweren Walze angewalzt, um eine Bindung von Unterboden und Kiesschicht herzustellen. Als alles so weit fertig war, konnte ich erleichtert aufatmen, denn die Hundegräber und Kuchenformen waren verschwunden. Die Beete waren nach Westen hin sanft abgeschrägt, und durch die inzwischen höheren Wege erschien die gemauerte Umrandung niedriger, sodass zwischen den Beeten nun wirklich Wege entstanden waren und keine Gänge.

Nun musste ich in den bevorstehenden Wintermonaten nur noch Zeit finden, Listen für geeignete Pflanzen zusammenzustellen und mich über den Zustand der beiseite genommenen Pflanzen zu vergewissern, die schon viel zu lange darauf warteten, ihre Wurzeln in frische Erde zuschlagen.

IN ERWARTUNG DER PFLANZZEIT

An einem schönen Herbsttag Mitte Oktober 1998 nach einer Frostnacht, saß ich in meinem leeren Kiesgarten unter einem tiefblauen Himmel in der Sonne, die mir in der frischen, windstillen Luft den Rücken wärmte; ich genoss die Sonntagsruhe, die nur von den zwitschernden Rotkehlchen und dem aufgeregten Ruf eines Moorhuhns aus der Ferne unterbrochen wurde. Zufrieden betrachtete ich die runden Konturen der neuen Beete; wie von selbst folgte das Auge dem Schwung der Einfassung, die den Rand absteckte und sich in Ton und Struktur von dem blassschimmernden Kies der Wege abhob. Im Mittelpunkt des Bildes stand der Judasbaum; mit baumelnden Samenkapseln behangen, warf er ein Netz aus Schatten über den hellen Kies. „Hier stehe ich“, schrieb ich an jenem Tag, „vor einer neuen Herausforderung; die Bodenarbeiten sind zu meiner Zufriedenheit abgeschlossen, nun kommt der Winter, und ich muss überlegen, wie wir die Beete im Frühjahr bepflanzen.“

In weiten Teilen des Landes war der Winter mild und nass, viel zu nass, um zu pflanzen. Und doch scheinen wir hier nie zu viel Regen abzubekommen, ganz gleich, was anderswo los ist. Der Januar war unser feuchtester Monat mit 678 mm Niederschlägen, Februar und März waren mit 185 und 333 mm unbeständig. Dabei hatten wir kaum Frosttage. Ich hätte also im März mit dem Pflanzen anfangen können, schob es aber noch einmal hinaus. Teilweise konnte ich die Erstellung unseres neuen Katalogs als Entschuldigung anführen, denn noch immer scheute ich mich, das neue Projekt in Angriff zu nehmen.

Anfang April 1999 halfen alle Ausreden nichts mehr. Da war kein schlechtes Wetter, das wachstumshemmend gewirkt hätte, im Gegenteil, die Vegetation war zwei bis drei Wochen voraus: kein Topf in der Gärtnerei, der nicht Spuren neuen

Sämtliche Vorarbeiten erfolgten in diesem Bereich von Hand – mit Pickeln, Gabeln, Schaufeln und reichlich Schweiß. Der verdichtete steinige Boden wurde aufgebrochen, teilweise abgeführt und etwa zwei Spaten tief durch bessere Erde ersetzt. Gebrochene Steinplatten wurden zugeschnitten und sorgfältig zu einer unterschiedlich hohen Einfassung ausgelegt, die sich dem leichten Gefälle der Beete anpasst. Aufgeregt machte ich mich an die Bepflanzung. In diesem ersten Beet fand Emilys *Sempervivum*-Sammlung eine Heimstätte, ergänzt durch besondere Fritillarien und kriechende Pflanzen.

Austriebs gezeigt hätte, und beim Austopfen sah ich überall die kleinen Spitzen der weißen Wurzeln, wie sie sich begierig nach einer neuen Heimat zu recken schienen. Es war genau die richtige Zeit zum Pflanzen: Man sah, was man tat und wo schon gepflanzt war. Ich setze ungern Ballen mit nackten Wurzeln, wenn ich mir nicht vorstellen kann, wie es weitergeht. Als ich dann am Pflanzen war, merkte ich, dass doch noch leichte Abweichungen in der Höhe der schräg abfallenden Beete erforderlich waren, um kleine Buchten für besondere Pflanzen zu schaffen. In einer Ecke hatten wir einige Gesteinsbrocken aufgehoben. Sie werden hier in der Gegend als Eisen- oder Bruchstein bezeichnet, bilden sich in Kiesböden, wenn ein größerer Einschluss aus Ton eine Pfanne bildet und durch Oxidation des Eisens im Wasser Kies und Sand über der Tonschicht zu einer felsähnlichen Formation verfestigt werden. Auf den Feldern werden sie durch einen kräftigen Tiefenlockerer aufgebrochen und an die Oberfläche gebracht. Diese unregelmäßigen Felsbrocken, die vor Jahren aus der Obstanlage meines Mannes zutage befördert worden waren, und seither im Freien gelagert hatten, waren mit der Zeit verwittert – ein ideales Refugium für Flechten und Moose. Den ganzen Winter war ich im Zwiespalt, ob wir den Bruchstein, der sich in Farbe und Textur so sehr von der Platteneinfassung unterschied, integrieren sollten oder nicht, obwohl beide meinem

Prinzip, örtliche Materialien zu verwenden, entsprachen. Ausschlaggebend war schließlich, dass die Platten am Rand bereits Spuren von Wind und Wetter zeigten. Im Übrigen sollte der Bruchstein ja nicht wie Mandeln auf einem Kuchen aufgelegt werden – sobald beide Materialien erst einmal Patina angesetzt hatten, würden sie sich von selbst einander anpassen.

Unser einziges Problem war, dass wir nicht über genügend Bruchsteine verfügten. Aber wir hatten in der Nachbarschaft einen hilfsbereiten Bauer. Ein Telefonanruf genügte und wir konnten weitere schwere Brocken, von Brombeergestrüpp überwachsen, am Feldrand zusammensuchen. Wir nahmen die größten, denn zu klein wirken sie leicht wie Rosinen in einem Brötchen. Ein besonders schöner Brocken ließ sich nur von drei Männern heben. Mit Bedacht eingefügt, bietet er auf der einen Seite das beeindruckende Bild einer Klippe. Ich nenne ihn meinen Tafelberg und habe eine geradezu kindliche Freude daran, bis er sich mit der Zeit zwischen den Pflanzen, die ihn umgeben, verlieren wird.

DIE GRUPPIERUNG DER PFLANZEN

Immer wieder überkommt mich jenes Gefühl der Verunsicherung, wenn ich vor dem Pflanzen die weite leere Fläche betrachte, die ganz rasch zu klein wird für die vielen Pflanzen, die wir für den kleinen Kiesgarten vermehrt und herangezogen haben. Ich kann nur draußen auf dem Gelände planen, anhand meiner mit Listen beschriebenen Karten, die über Jahre kontinuierlich ergänzt wurden, wann immer mir bei der einen oder anderen Arbeit eine Idee in den Sinn kam. Auch bei der Zusammenstellung des Katalogs muss ich stets daran denken, wie viele Pflanzen ich noch nie im Garten gesehen habe; so geht es mir auch, wenn ich unsere zum Bersten vollen Bücherregale durchgehe, und mir fest vornehme, mich von einigen Bänden zu trennen – am Schluss dann aber doch die allermeisten behalte, weil ich immer etwas entdecke, was ich vergessen hatte oder gar nicht wusste, dass ich es überhaupt habe. Den Winter über hatte ich die Pflanzen nach Größe und Erscheinung – Vertikalen, Akzentpflanzen, kriechenden und sich ausbreitenden Pflanzen – in Kategorien eingeteilt, nicht zu vergessen, die Zwiebelblumen. (Die wichtigsten Pflanzen sind auf den Seiten 184/185 aufgeführt.) Nun machte ich mich als Erstes daran, genügend Akzente setzende oder dominierende Pflanzen für alle fünf Inselbeete auszuwählen, vorwiegend für die mittleren erhöhten Bereiche. Ich hatte auch eine Auswahl unterschiedlicher Wuchsformen zusammengestellt, die einander ergänzen und das Jahr über Struktur geben sollten.

Bevor ich sie auf den Beeten auslegte, tauchte ich jeden Topf in einen Eimer Wasser, bis keine Luftblasen mehr aufstiegen und die Töpfe sich schwer anfühlten. Zwischen die wichtigen Akzente setzte ich kriechende Pflanzen wie diverse *Raoulia-* und *Thymian*-Arten; sie sollten den Boden bedecken, bis die Hauptdarsteller den Platz ausgefüllt hätten. Kräftige Vertikalen wie *Libertia ixioides* oder den schönen Wiesenhafer, *Helictotrichon sempervirens*, setzte ich wiederholt ein; man muss nur um die Beete herumgehen, um zu sehen, wie das Auge die Pflanzen da und dort wahrnimmt, wenn sie sich oft wie Silhouetten über einer freien Stelle oder dem Kiesweg erheben.

Als Nächstes waren die kleinen Büsche und kompakten Pflanzen an der Reihe, darunter verschiedene zierliche *Sedum*-Arten, die sich, ohne ihre Nachbarn zu bedrängen, dauerhaft mit dem Platz begnügen würden, den ich ihnen zugewiesen hatte, und uns nicht nur mit Blüten, sondern auch mit bemerkenswertem Laub erfreuen würden. Als Letztes folgten dann in den Lücken und im Umkreis die niedrigen, sich ausbreitenden Pflanzen, die sich in meiner Vorstellung schon jetzt über den flachen Rand der Steineinfassung ergossen.

Im Winter war auch unsere begabte junge Studentin, Yuko Tanabe, die am Writtle College an ihrer Diplomarbeit über Landschaftsarchitektur schrieb, mit ihrem Tutor vorbeigekommen, um das Terrain auszumessen und einen genauen Plan des gesamten kleinen Kiesgartens zu erstellen. Yuko, die bei uns immer wieder aushilft, beabsichtigte, sämtliche Pflanzen darin zu erfassen – ein in vieler Hinsicht sinnvoller Ansatz: nicht nur, um die ursprüngliche Bepflanzung zu dokumentieren, sondern auch um die Veränderungen der nächsten ein bis zwei Jahre auszuweisen.

Diese würden sich unweigerlich ergeben, denn noch nie ist es mir gelungen, auf Anhieb alles „richtig" zu machen. Sei es, dass einige Pflanzenkombinationen letztlich doch nicht miteinander harmonierten oder allzu wuchsfreudige Pflanzen eingedämmt, manche aber auch herausgenommen werden mussten, bevor sie Schaden anrichten konnten.

Einige Pflanzen wuchern zu stark, obwohl ich bewusst kriechende und sich ausbreitende Arten verwende, um den Eindruck von Fülle und Reife zu erzeugen. Viele lassen sich einigermaßen zügeln, indem man sie rechtzeitig schneidet oder in Form hält, aber in der Regel bestimmen die Pflanzen selbst, was letztlich bleibt oder weichen muss. Wo ich Thymiane oder Polsterphlox pflanze, um den Boden zwischen den Gehölzen möglichst rasch abzudecken, weiß ich von vornherein, dass sie überwuchert werden und entfernt werden müssen, sobald die Hauptdarsteller ihren Raum ausfüllen, während ich mich anderswo an den kriechenden Pflanzen freue, wenn sie einmal die niedrigen Steinplatten umspielen und über den Rand in die Kieswege wachsen. Nachdem die Erstbepflanzung so weit abgeschlossen ist, zeigen die fünf Beete schon jetzt erstaunlich viel Farbe und Laub, und ungleich mehr steht uns noch bevor. Wenn ich morgens hinausgehe, um zu schauen, was es Neues gibt, ist mir ähnlich zumute, wie beim erwartungsvollen Blick in das Bettchen eines Neugeborenen. Aber es sind nicht nur sentimentale Gründe, die mich zu einem Gang durch den Garten verlocken, sondern auch ganz praktische: Mehltau, Blattläuse, Thripse, Minierfliegen müssen erkannt und bekämpft, Unkraut gejätet werden, denn nur so können sich die Jungpflanzen an ihrem neuen Standort einleben und gedeihen.

Oben:
Sedum telephium subsp. *ruprechtii*

Unten:
Sedum telephium subsp. *maximum* 'Atropurpureum'

Gegenüber:
Sedum hispanicum füllt rasch die Lücken zwischen den *Sempervivum*-Horsten. *Erodium chrysanthum* bildet eine kompakte Pflanze mit reizvollem farnartigem Laub und einer anhaltenden Folge von Blüten.

KLEINE SEDUM

Die kleinen *Sedum*-Arten oder Fetthennen gehören zu meinen Lieblingen unter den trockenheitsverträglichen Pflanzen, zumal sie nach dem Verblühen mit ihrem Mosaik kontrastierender Blattformen, Strukturen und Farben eine unvergleichlich erfreuliche Wirkung im Garten entfalten. Nahezu alle haben sich in Gebirgsregionen entwickelt, wo sie in äußerst magerem Boden gedeihen – manche überleben sogar auf nacktem Fels. Daher der Name *Sedum*, von *sedere*, sitzen. In den neuen Beeten des kleinen Kiesgartens habe ich die nachfolgend aufgeführten Fetthennen gepflanzt:

Sedum acre 'Aureum' ist für den Kulturraum Garten besser geeignet als *S. acre*, das überall in Britannien wild vorkommt. Als Kind habe ich mich immer gefreut, wenn ich die Kissen des gelb blühenden Mauerpfeffers auf Dachziegeln oder abbröckelnden Mauerkronen entdeckte, und auch heute gilt ihm meine Bewunderung, wenn ich ihn an den staubigen Rändern der vierspurigen Fernstraßen erblicke, wo seine Samen durch den Fahrtwind des Verkehrs verbreitet werden. Er kann wie Unkraut wuchern und kleine Randpflanzen regelrecht erdrücken, aber *S. a.* 'Aureum' ist durchaus schätzenswert, wenn im Frühling seine zart cremegelben Blätter wie ein schwach gebackener Pfannkuchen aussehen, der über den Kiesboden geworfen wurde.

Sedum aizoon 'Euphorbioides' sollte eigentlich unter den krautigen Sedum-Arten aufgeführt werden (s. Seite 116), aber ich verwende es, um zwischen den Kiesgartenpflanzen Abwechslung in der Höhe zu erzeugen. 30–40 cm hoch, trägt diese Fetthenne Köpfe mit dottergelben, sternförmigen Blüten, die an rötlichen Stängeln zu schönen bronzefarbenen Fruchtständen verblassen und dann einen reizvollen Kontrast zu den grünen gezähnten Blättern bilden.

Sedum hispanicum aus dem Mittelmeerraum hat im Habitus ebenfalls Ähnlichkeit mit *S. acre*. Diese Fetthenne kriecht zwischen Steinen und bildet Matten aus pudrig blauen Blättern, die in Größe und Form an Reiskörner erinnern. In Zeiten extremer Trockenheit färben sie sich korallenrot. Im Juni sind sie mit winzigen rosafarbenen und weißen sternförmigen Blüten bedeckt, wie Zuckerguss auf einem Kuchen.

Sedum hispanicum var. *minus* 'Aureum' hat Ähnlichkeit mit *S. acre*, kommt aber aus Südosteuropa. Die kleine Pflanze mit dem ansprechenden Wuchs trägt zart cremegelbe, fleischige Blättchen, die einen schönen Kontrast zu grauen oder bronzelaubigen Pflanzen bilden und sehr gut zwischen Semperviven zur Geltung kommen.

Einschließen möchte ich hier auch *Rhodiola heterodonta* (syn. *Sedum heterodontum*) und *Rhodiola rosea* (syn. *Sedum rosea*), da sie mit *Sedum* verwandt sind. Beide bilden einen fetten fleischigen Wurzelstock und ziehen im Winter vollkommen ein. Im Frühjahr entfaltet sich aus festen rosa-bronzefarbenen Knospen allmählich ein Kranz strahlenförmiger Stängel (25–35 cm hoch). *R. rosea* hat blaugraue Blätter, über denen beißend lindgrüne, sternförmige Blüten stehen. Die wachsüberzogenen Blätter von *R. heterodonta* schillern in Lila-, Amethyst- und Blautönen auf grauem Grund. Wenn sich die bronzerosa Blütenknospen entfalten, zeigen sie ein Büschel tief rostroter Staubblätter. *Sedum oreganum* wird schöner, je trockener die Bedingungen sind. Die dicht

gepackten Büschel fetter, fleischiger Blätter färben sich im Sommer intensiv bronzerot und seine Blüten, die als kleine leuchtend gelbe Sterne an 15 cm hohen Stängeln stehen, verblassen zu einem eigenartigen Rosarot.

Um die Flächen dieser niedrigen teppichbildenden Pflanzen aufzubrechen, verwende ich gern die Binsenlilie, *Sisyrinchium angustifolium*. Die Sorte *S.* 'Californian Skies', aber auch *S. idahoense* wirken gleichermaßen beeindruckend, wenn sich über den Horsten kurzer grasartiger Blätter die satinartig glänzenden tiefblauen Blüten entfalten, die im Hochsommer über Wochen erscheinen.

Sedum spathulifolium ist im Kaskadengebirge und an der Westküste Nordamerikas verbreitet. Es bildet dichte Teppiche aus fleischigen purpurviolettroten Rosetten, die wachsartig bereift sind. *S. s.* 'Cape Blanco' sieht genauso aus, nur dass die fleischigen Rosetten im Winter silbergrau und im Sommer blaugrau getönt sind. Ihre weiße Bereifung tritt bei Trockenheit noch deutlicher zutage. Beide haben zartgelbe Blüten. *Sedum spurium*, eine im Kaukasus vorkommende Art, hat sich als ausgezeichnete, das Unkraut unterdrückende Teppichpflanze bewährt. Es bildet undurchdringliche Matten aus dicht verflochtenen, bewurzelten Trieben, die mit dicken, ovalen, am Rand gewellten Blättern besetzt sind. Diese Fetthenne toleriert magerste Böden und selbst Schatten. Verschiedene Sorten sind erhältlich. *S. s.* 'Atropurpureum' bezaubert durch außergewöhnlich schönes weinrotes Laub, das farblich noch intensiver wirkt, wenn sich im Hochsommer die büschelförmigen, leuchtend rosaroten, sternförmigen Blüten darüber drängen. An *S. s.* 'Green Mantle' schätze ich die ungeheuer frische Wirkung der leuchtend grünen, fleischigen Blattrosetten, wenn sie auf nährstoffarmem Boden an vollsonnigen Stellen eine dichte Bodenbedeckung bilden. *S. s.* 'Tricolor' hat kriechende Triebe, mit Rosetten aus sukkulenten Blättern in unterschiedlichen Rosa-, Creme- und Grüntönen; darüber stehen im Juli Büschel perlmuttrosaroter Blüten. *Sedum* 'Vera Jameson' ist eine entzückende, niedrige, kriechende Pflanze. Kurze, anmutig gebogene Triebe, bis 30 cm hoch, tragen bereifte, fleischige purpurviolette Blätter, über denen im Spätsommer die staubig rosaroten Blüten stehen. Eine äußerst geglückte Züchtung von Joe Elliott ist *Sedum* 'Bertram Anderson', eine Variante von *S.* 'Vera Jameson' – die eine lässt sich praktisch durch die andere ersetzen, zumal sie sich äußerlich kaum unterscheiden. Diese niedrigen weichen Pflanzen haben dunkle Stängel, tief pflaumenviolette Blätter und endständigen Rosetten mit sternförmigen weinroten Blüten. Sie eignen sich bestens als Randbepflanzung und blühen vom Spätsommer bis in den Oktober hinein; in ihrem dunklen Erscheinungsbild kommen sie als Kontrast zu einer helleren Pflanze wie *Gypsophila repens* 'Rosa Schönheit' besonders gut zur Geltung. Die *Sedum*-Arten gedeihen problemlos in voller Sonne und tolerieren die meisten Böden; nur staunasse Standorte oder extrem feuchtes Klima vertragen sie nicht. Von Natur aus an Trockenheit angepasst, erweisen sie sich in Gegenden mit geringen Niederschlägen als äußerst wertvoll. Sie sind jedoch anfällig für Dickmaulrüssler, kleine schwarze Käfer, deren entsetzliche Larven – cremefarben mit braunen Köpfen – die Wurzeln im Boden anfressen. Die heißen trockenen Sommer der letzten Jahre haben die Vermehrung der Dickmaulrüssler gefördert, und bis jetzt ist kein sicheres oder zuverlässig wirksames Insektizid auf dem Markt erhältlich. Im Garten graben wir die befallenen Pflanzen aus, waschen die übrig gebliebenen Wurzeln sorgfältig aus und pflanzen sie in frische Erde.

DIE VERWANDLUNG

An einem Sonntagmorgen Anfang Juli 1999 sitze ich wieder einmal in meinem neuen kleinen Kiesgarten und erinnere mich, wie ich letzten Herbst die leeren Beete betrachtet hatte und mir die halbfertigen Ideen durch den Kopf geschossen waren – wie es hier wohl aussehen mochte, wenn erst einmal gepflanzt wäre, hatte ich mich immer wieder gefragt. Nun sehe ich mit Erleichterung und Staunen, wie sich das Bild gewandelt hat. Die Beete quellen über in einer Vielfalt von Formen und Blattstrukturen und sprühen vor Farbenfreude. Man sollte nicht glauben, dass vor drei Monaten hier noch nichts gepflanzt war. Ich bin natürlich insofern im Vorteil, als ich die Gärtnerei hinter mir habe, die mir eine breite Palette an Pflanzen bietet; vor Jahren musste ich mich (wie die meisten Gartenfreunde) noch mit einer kleineren Auswahl begnügen. Aber auch damals schon habe ich meinen Bestand durch Samen und Stecklinge vermehrt – eine Erfahrung, die schließlich zur Gründung der Gärtnerei führte. Und was könnte letztlich überzeugender beweisen, wie wuchsfreudig unsere Pflanzen sind, als dieses Bild überschäumender Üppigkeit. Bei entsprechender Bodenvorbereitung müssten sie problemlos anwachsen und gedeihen. Im Grunde haben wir sogar gezeigt – David machte es mir bewusst –, dass selbst schwächliche Pflanzen unter günstigen Voraussetzungen noch immer gute Startchancen haben, denn mehrere unserer Neueinführungen ließen mit der Zeit in ihrer Qualität sehr zu wünschen übrig, weil sie einfach zu lange in den Töpfen saßen. Und doch brauchten wir nur die zusammengeballten Wurzeln zu lockern, um voller Freude zu sehen, wie sie sich erholten und wuchsen.

Verglichen mit dem trockenen, tropisch heißen Sommer von 1995 waren die letzten drei Monate eher kühl und feucht, mit einer durchschnittlichen monatlichen Niederschlagsmenge von 24 mm von Februar bis April, 19 mm im Mai, reichlich Wind und so vielen warmen Tagen, dass wir immer schon aufmerksam die Wettervorhersage verfolgten. Zu unserer Erleichterung gab es in den ersten beiden Juniwochen aber einige Gewitter mit 64 mm Regen und weiteren 24 mm in der letzten Wimbledon-Woche. Der mit Nährstoffen angereicherte Boden und die relativ hohen Niederschläge haben zu einem ungewöhnlichen Wachstumsschub geführt, sodass die Vegetation so üppig wirkt, als stünden die Pflanzen schon seit Jahren hier. Aber das wird sich ändern: Der Humusgehalt wird zurückgehen und die Pflanzen werden sich auf eher magere Zeiten einstellen müssen. Auch Ausputz- und Schnittmaßnahmen werden die Wuchsfreude dieser ersten, so ungemein förderlichen Saison bremsen. Einige Pflanzen müssen wohl herausgenommen werden, um den weniger starkwüchsigen Platz zu machen oder um die eine oder andere Farbkombination zu verbessern. So habe ich auch bereits die hübsche *Diascia barberae* 'Blackthorn Apricot' aus einem vorwiegend auf Rosa-, Blau- und Purpurtönen abgestimmten Farbakkord entfernt und in eine Lücke zwischen Gelb und Silbergrau gesetzt. Derzeit genieße ich aber den Reichtum an Laub und Blüten nach dem vergangenen Sommer, in dem das Gelände wie eine Baustelle ausgesehen hatte.

Kriechende Pflanzen wie der blaue *Convolvulus sabatius*, *Gypsophila repens* 'Dubia', *Artemisia glacialis* und verschiedene Formen von Polster-Phlox breiten sich bereits über die niedrigen Stützmauern aus und umspielen die Ränder. *Raoulia*

Oben:
Leontopodium wilsonii

Mitte:
Helichrysum 'Schwefellicht'

Unten:
Eryngium variifolium

tenuicaulis aus Neuseeland ist über die Kuppe eines Beets gekrochen, auf dem ein ganzes Sortiment an Hauswurz, kleinen *Sedum*-Arten und Edelweiß angesiedelt ist – ein Bild, das mich unwillkürlich an windgepeitschte Almwiesen im Hochgebirge erinnert. Wenn wir die *Raoulia* nicht in Schach halten, werden einige aller Voraussicht nach bei starkem Frost in Verbindung mit nassem Wetter zugrunde gehen, obwohl diese Pflanze auf unserem steinigen Boden seit vielen Jahren überlebt.

Interessante Vertikalen wie *Nepeta tuberosa* verfehlen nie ihre Wirkung mit ihren aufrechten wollenen „Kerzen“ aus Quirlen filziger purpurvioletter Blüten und dunkleren Kelchen. Die rosarote *Salvia × sylvestris* 'Rose Queen', eine Zwergform des Trichter- oder Fransenschwertels (*Dierama* 'Puck') und eine nicht endende Folge weißer Sterne von *Asphodelus fistulosus* – alle lenken den Blick nach oben über die niedrigen Horste der Grasnelke, verschiedene *Erodium*- und *Hypericum*-Arten sowie andere kompakte Pflanzen.

Intensiv rosarot leuchten die *Diascia*-Arten *D. rigescens* und *D. vigilis*, während *D. barberae* 'Blackthorn Apricot' orangerosarote bis lachsfarbene Blüten hervorbringt, die sehr schön neben der graulaubigen *Sideritis syriaca* zur Geltung kommen, mit ihren Scheinquirlen erbsengrüner Kelche, die winzige zitronengelbe Blüten verbergen, oder kombiniert mit *Sedum aizoon* 'Euphorbioides', jener einzigartigen Fetthenne, die ich so sehr bewundere.

Weitere zarte Gelbtöne bringen die glänzend pergamentartigen Knospen von *Helichrysum* 'Schwefellicht', die sich zu winzigen gelben Margeritenblüten entfalten. Gerade in diesem Stadium, also fast noch als Knospe, lassen sie sich gut trocknen, wenn man sie an einem luftigen Platz aufhängt. Einen auffallenden Kontrast bildet zwischen vielen aschgrauen Blattpflanzen *Santolina rosmarinifolia* subsp. *rosmarinifolia* 'Primrose Gem' mit blassgelben knopfartigen Blüten über dem frischgrünen, fein eingeschnittenen Laub.

Rundum eine Fülle von Rosa-, Blau- und Purpurtönen. *Penstemon* 'Evelyn' gehörte über Jahre zum festen Bestand des alten mediterranen Gartens auf diesem Gelände, war aber von rücksichtslosen Nachbarpflanzen geschwächt und überwuchert worden. Nun erweist sich der Bartfaden in dem aufbereiteten Boden als ausgesprochen wuchsfreudig – die schlanken rosaroten Kerzen mit den schmalen, röhrenförmigen Blüten stehen aufrecht hinter einem Strauß blassrosafarbener, löwenzahnähnlicher Blüten von *Crepis incana*, während *Geranium × riversleaianum* 'Russell Prichard' mit lebhaft magentarosafarbenen, seidig texturierten Kronblättern in den Kiesweg darunter kriecht. (David stimmt mit mir überein, dass diese hübsche Pflanze inzwischen viel zu viel Raum einnimmt.) Grau- und silberlaubige Pflanzen unterstreichen den Eindruck von Sonne und Hitze und bilden das ganze Jahr über einen Kontrast in Struktur und Form. Zu ihnen gehört das nahezu weißlaubige *Helichrysum stoechas* 'White Barn', eine zwergwüchsige *Ballota*, die Ian Stanton, ein ehemaliger Mitarbeiter unseres Teams, auf Kreta gesammelt hat, und der schöne weiß blühende Zwerglavendel, *Lavandula angustifolia* 'Nana Alba'. Auch eine staubig rosaviolette Sorte haben wir: *L. angustifolia* 'Rosea'. Alle diese Gehölze bleiben nur ansehnlich und frisch, wenn sie rechtzeitig geformt und von Zeit zu Zeit ausgelichtet werden.

Dieses Bild entstand vier Monate nach der Pflanzung und zeigt, wie rasch sich die Pflanzen aus unserer Gärtnerei entwickeln, wenn man für gute Ausgangsbedingungen sorgt. Unterstreichen möchte ich hier, dass tiefes Umgraben so wichtig ist wie das Einarbeiten organischen Materials.

Eine eigenartige Form der Edeldistel, *Eryngium variifolium*, hebt sich beeindruckend von den zarten, wollig behaarten Pflanzen ab. Aus einer Basalrosette stark geaderter dunkelgrüner Blätter erheben sich aufrecht verzweigte, belaubte Stängel mit Kelchblättern, die zu langen, spitzen und stechenden Blattzipfeln umgebildet, die Blütenköpfe umgeben; sie wirken so silbrig, dass man meinen könnte, sie wären aus Aluminium gestanzt. Besser hätten sie sich der Trockenheit nicht anpassen können.

Immer wieder überrascht mich die Vielfalt der Thymiane, sowohl im Habitus als auch in den unterschiedlichen Blütezeiten. *Thymus neiceffii*, der wie Wasser über die niedrigen Mauern fließt, war früher im Jahr mit mauverosafarbenen Blüten übersät, die seine schmalen blaugrauen Blätter nahezu verdeckten, während *T. serpyllum* 'Pink Chintz' lockere Kissen aus zarten, wolligen Blättern bildet, die unter den lilarosafarbenen Blüten kaum mehr sichtbar sind. *Thymus* 'Silver Queen', nun ebenfalls in Blüte, bildet reizvolle kleine Büsche aus panaschierten Blättern. Sie sind hübsch anzusehen und werden als schmackhaftes Würzkraut geschätzt. Eine weitere Gruppe – zu viele, um alle zu beschreiben – sind die *Erodium*-Arten, vornehme Verwandte der Storchschnäbel, die durch bezaubernd seidige Kronblätter in Rosa- und Lilatönen auffallen – die einen in ganz blassem Schwefelgelb, andere mit einer eigenartigen Markierung aus dunklen Flecken auf zwei Blütenblättern. Die buschige Gestalt von *Nierembergia caerulea* ist inzwischen von windenartigen Blüten überzogen – weißen, weit geöffneten Glocken mit blauen

Gegenüber:
Das größte Mittelbeet (hier im Vordergrund) liegt teilweise im Schatten des Judasbaums, *Cercis siliquastrum*. Da mir kleine alpine Pflanzen hier nicht passend schienen, habe ich einige größere trockenheitsverträgliche Pflanzen verwendet, die diesen Gartenbereich schon während der letzten vierzig Jahre zuverlässig ausgestattet hatten.

Adern, die sich im blau gefleckten Innern verlieren –, während ein anmutiges Gras, *Helictotrichon sempervirens*, mit lebhaft graublauen, stählernen Halmen einen kraftvollen Akzent zwischen den weich belaubten Gruppen bildet.

Auf der anderen Seite sehe ich, silhouettenartig gegen den Kiesweg, die schlanke Erscheinung des in Amerika heimischen *Zigadenus elegans*, der an den verzweigten Kerzen dicht aufeinander folgende kleine, sternförmige Blüten entfaltet; die blassgrünen Blütenblätter mit leuchtend grünem Fleck im Innern umschließen den Fruchtknoten. Die Pflanze bezaubert mich an dieser Stelle hoch über dem niedrigen Teppich; in einer normalen gemischten Rabatte würde sie untergehen.

Die erste Vegetationsperiode brachte Überraschungen, aber auch Enttäuschungen. Ein paar Dinge sind gänzlich schief gegangen. Einzelne Pflanzen ein und derselben Gruppe – *Aurinia saxatilis* (syn. *Alyssum saxatile*), *Crepis incana*, *Anthemis tinctoria* 'E. C. Buxton' – sind eingegangen, während andere keinerlei Anzeichen kränkelnden Wuchses zeigen. Noch haben wir keinerlei Erklärung dafür. Ich erwähne dies, weil auch scheinbar gesunde Pflanzen ohne ersichtlichen Grund trotz bester Pflege eingehen können. Manche Pflanzen haben ihren spezifischen Charakter eingebüßt, weil sie es in dem gut aufbereiteten Boden zu leicht hatten und regelrecht aufgeschossen sind. Aber die Bedingungen werden in Zukunft andere sein, sowohl was den Boden als auch das Klima anbetrifft. Einige allzu starkwüchsige Pflanzen müssen ersetzt werden, um Platz für Neues zu schaffen. Noch sind die Beete nicht mit Kies abgedeckt. Wir haben sie mit kleinen Zwiebelhacken von Hand ausgejätet – eine angenehme Arbeit inmitten all dieser *joie de vivre*. Wenn die Beete im Herbst ein letztes Mal ausgeputzt werden und Vieles am Einziehen ist, wird sich zeigen, wo eine Schicht Steine angebracht ist.

Zusammenfassend möchte ich wiederholen, was ich immer wieder sage: Wenn wir Pflanzen auswählen, die von Natur aus den bei uns herrschenden Bedingungen entsprechen, wird uns der Garten ein Gefühl des Friedens und der Erfüllung schenken.

Gesamtplan

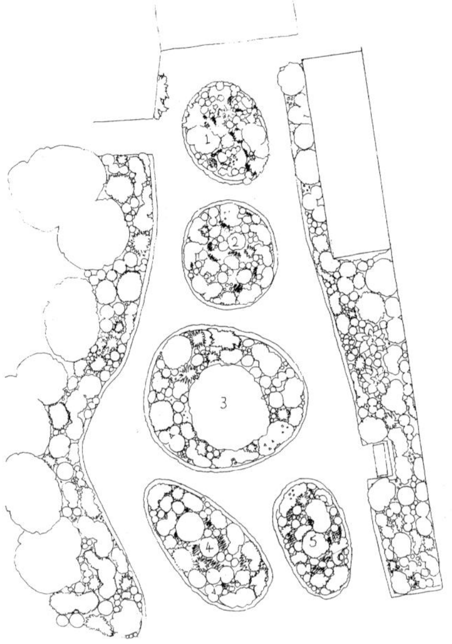

Inselbeet 1

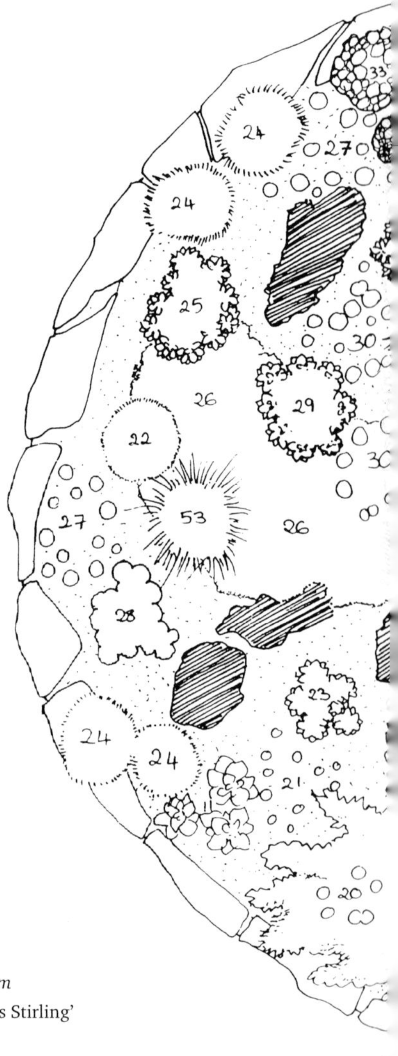

DIE PLÄNE DES KLEINEN KIESGARTENS

Der Gesamtplan zeigt die fünf Beete, umgeben von den Rabatten zu beiden Seiten, die in diesem Buch nicht beschrieben wurden, da sie einen etwas anderen Pflanzstil aufweisen. Die eine Rabatte liegt im Schutz einer warmen nach Westen gehenden Mauer, die andere ist nach Osten kühler gelegen. Der Judasbaum aus der alten Bepflanzung steht in Beet 3.

Die Beete des kleinen Kiesgartens sind den ganzen Tag über der vollen Sonne ausgesetzt.

Der Detailplan zeigt das Inselbeet 1, in dem ich unsere *Sempervivum*-Sammlung zur Geltung bringen wollte, für deren Aufbau und Pflege Emily Paston verantwortlich ist. Die silberlaubigen und grünen *Raoulia* breiten sich so rasch wie Moos zwischen den kompakten Pflanzen aus, dürften vom Frost aber zweifellos gebremst werden. Um sie vor abwechselndem Durchnässen und Gefrieren zu schützen, haben wir ein paar Stellen mit Glasscheiben abgedeckt. Ich wollte zuerst Frühlingsboten wie Krokusse und *Chionodoxa* integrieren; deren starkes Laub bedrängt aber häufig zierlichere Pflanzen, sodass ich lieber Fritillarien und Wildtulpen auswählte, die mir geeigneter schienen.

1 *Erodium chrysanthum*
2 *Hebe ochracea* 'James Stirling'
3 *Dianella caerulea*
4 *Thymus* 'Peter Davis'
5 *Euonymus fortunei* 'Golden Pillar'
6 *Thymus* 'Silver Queen'
7 *Yucca filamentosa* 'Variegata'
8 *Thymus vulgaris* 'Golden Pins'
9 *Thymus pulegioides* 'Bertram Anderson'
10 *Erodium cheilanthifolium*
11 *Primula auricula*
12 *Geranium sessiliflorum* subsp. *novae-zelandiae* 'Nigricans'
13 *Sempervivum* 'Hester'
14 *Sedum hispanicum*
15 *Sempervivum* 'Silver Thaw'
16 *Thymus neiceffii*
17 *Sisyrinchium angustifolium*
18 *Fritillaria pyrenaica*

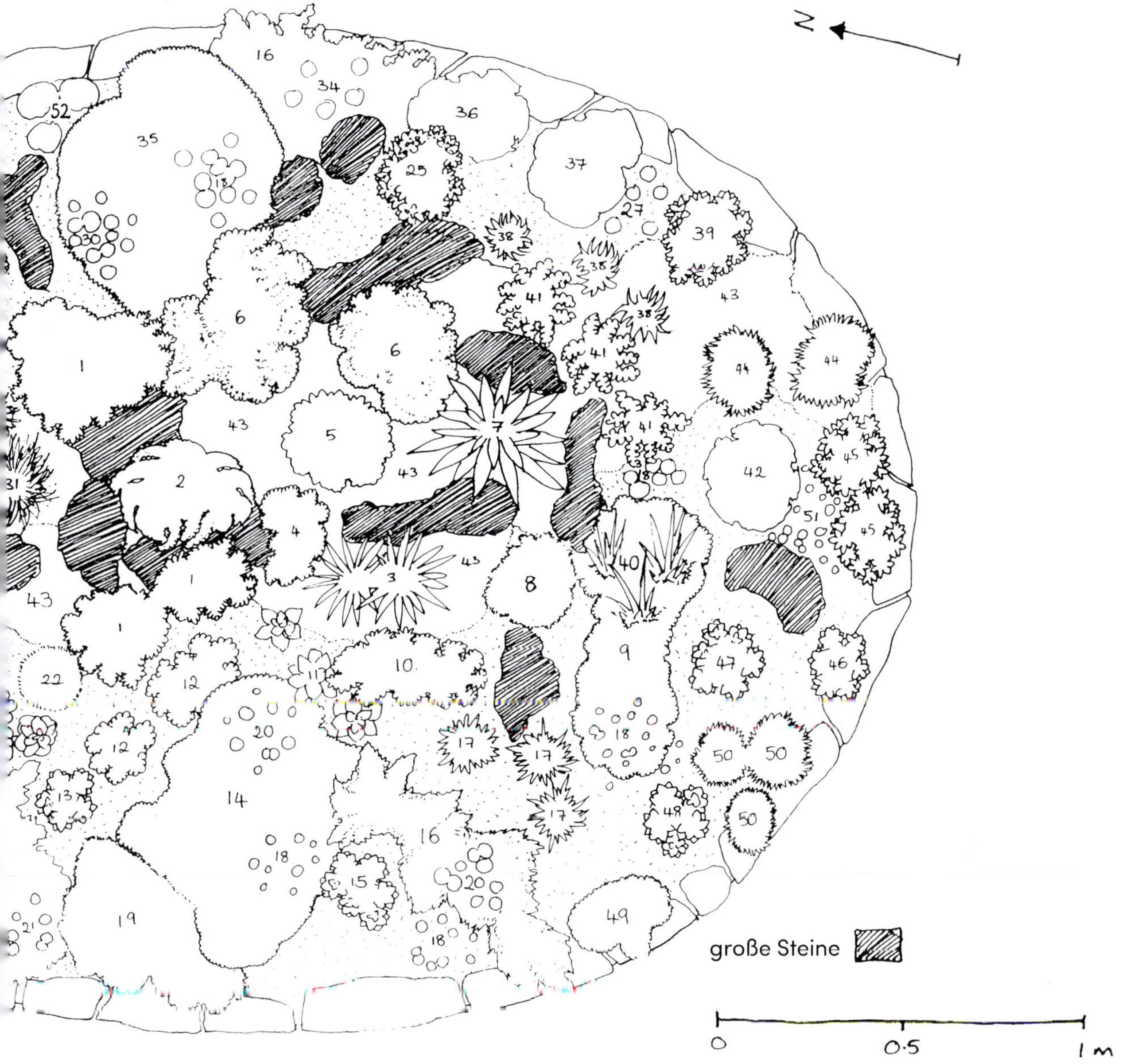

19 *Thymus* 'Hartington Silver'
20 *Anemone pavonina*
21 *Fritillaria tuntasia*
22 *Armeria juniperifolia* 'Bevan's Variety'
23 *Sempervivum* 'Brock'
24 *Dianthus gratianopolitanus* 'Tiny Rubies'
25 *Sempervivum arachnoideum* subsp. *tomentosum*
26 *Raoulia hookeri*
27 *Tulipa linifolia*
28 *Androsace sempervivoides*
29 *Sempervivum tectorum* 'Sunset'
30 *Fritillaria messanensis*
31 *Koeleria glauca*
32 *Sempervivum* 'Engle's'
33 *Sedum spathulifolium*
34 *Tulipa linifolia* Batalinii-Gruppe
35 *Sedum hispanicum*
36 *Anaphaloides bellidioides*
37 *Antennaria dioica* 'Rotes Wunder'
38 *Sisyrinchium idahoense*
39 *Sempervivum octopodes*
40 *Libertia peregrinans*
41 *Rhodiola rosea*
42 *Hebe cupressoides* 'Boughton Dome'
43 *Raoulia tenuicaulis*
44 *Leontopodium wilsonii*
45 *Sempervivum* 'Silverine'
46 *Sempervivum arachnoideum* 'Clarchen'
47 *Sempervivum cilosum* var. *borisii*
48 *Sempervivum* 'Woolcott's Variety'
49 *Sedum hispanicum* var. *minus* 'Aureum'
50 *Dianthus* × *arvernensis*
51 *Tulipa dasystemon*
52 *Oxalis adenophylla*
53 *Festuca punctoria*

PFLANZEN IM GROSSEN KIESGARTEN

Hohe Vertikalen
Alcea rugosa
Allium ampeloprasum
Allium hollandicum
Anchusa azurea
Asphodelus albus
Astelia chathamica
Echinops sphaerocephalus
Eremurus in Sorten
Eremurus stenophyllus
Kniphofia 'Nobilis'
Lilium candidum
Nectaroscordum siculum subsp. *bulgaricum*
Nepeta nuda subsp. *albiflora*
Onopordum acanthium
Phlomis tuberosa 'Amazone'
Verbascum bombyciferum
Verbena bonariensis
Yucca gloriosa 'Nobilis'

Mittelhohe Pflanzen mit vertikaler Akzentwirkung
Agapanthus, Arten und Sorten
Allium atropurpureum
Allium sphaerocephalon
Alstroemeria, Sorten
Asphodeline liburnica
Asphodeline lutea
Bupleurum falcatum
Eryngium agavifolium
Galtonia candicans und *G. viridiflora*
Gaura lindheimeri
Kniphofia, mittelhohe Sorten
Kniphofia triangularis subsp. *triangularis*
Linaria purpurea (rosa, purpurfarben und weiß)
Lychnis coronaria
Origanum laevigatum 'Hopleys'
Ornithogalum pyrenaicum
Salvia pratensis Haematodes-Gruppe
Verbascum chaixii
Verbascum phoeniceum

Niedrige, aufrecht wachsende Pflanzen
Anthericum liliago
Gladiolus tristis
Kniphofia 'Little Maid'
Nepeta tuberosa
Salvia nemorosa subsp. *tesquicola*

Gräser als bewährte Vertikalen
Calamagrostis × acutiflora 'Karl Foerster'
Elymus magellanicus
Helictotrichon sempervirens
Leymus arenarius
Melica altissima 'Atropurpurea'
Miscanthus sinensis 'Yaku-Jima'
Poa labillardierei
Stipa calamagrostis
Stipa gigantea
Stipa tenuissima

Einjährige
Eschscholzia californica, cremefarbene Sorte
Nigella damascena 'Miss Jekyll Alba'
Omphalodes linifolia
Papaver commutatum 'Ladybird'
Papaver rhoeas Mother-of-Pearl-Gruppe
Papaver somniferum

Größere Sträucher
Abutilon vitifolium 'Album'
Artemisia abrotanum
Atriplex halimus
Berberis × ottawensis
Berberis × stenophylla
Brachyglottis (Dunedin-Gruppe) 'Sunshine'
Buddleja alternifolia
Ceanothus thyrsiflorus var. *repens*
Cistus × cyprius
Cistus × hybridus
Cistus populifolius

Cistus × purpureus
Colutea arborescens
Cotoneaster dammeri
Cotoneaster franchetii
Cotoneaster salicifolius
Euonymus fortunei 'Emerald 'n' Gold'
Euphorbia characias subsp. *wulfenii*
Hippocrepis emerus
Lavatera × clementii 'Barnsley'
Lavatera × clementii 'Bredon Springs'
Lavatera × clementii 'Rosea'
Lespedeza bicolor
Ligustrum ovalifolium 'Argenteum'
Ligustrum ovalifolium 'Aureum'
Lonicera nitida 'Baggesen's Gold'
Lonicera pileata
Lonicera × purpusii
Lupinus arboreus
Melianthus major
Phlomis fruticosa
Rhus typhina
Ribes speciosum
Rosa glauca
Rosa spinosissima
Spartium junceum
Tamarix parviflora

Kleine Sträucher und verholzende Stauden

Artemisia, Sorten
Ballota
Caryopteris × clandonensis, Sorten
× *Halimiocistus wintonensis* 'Merrist Wood Cream'
Halimium lasianthum
Helianthemum, Sorten
Lavandula angustifolia 'Hidcote'
Lavandula angustifolia 'Loddon Pink'
Lavandula angustifolia 'Munstead'
Lavandula angustifolia 'Twickel Purple'
Lavandula lanata
Lavandula stoechas, Sorten
Salvia officinalis, Sorten
Santolina, verschiedene

Bäume

Ailanthus altissima
Amelanchier canadensis
Amelanchier lamarckii
Arbutus unedo
Crataegus persimilis 'Prunifolia'
Eucalyptus dalrympleana
Eucalyptus gunnii
Eucalyptus nicholii
Fraxinus angustifolia 'Raywood'
Genista aetnensis
Juniperus scopulorum 'Skyrocket'
Koelreuteria paniculata
Salix exigua
Spartium junceum

Zwiebel- und Knollenpflanzen

Allium (s. Seite 76)
Anemone blanda
Anemone × fulgens
Anemone pavonina
Arum creticum
Arum italicum subsp. *italicum* 'Marmoratum'
Camassia leichtlinii subsp. *leichtlinii*
Chionodoxa
Codonopsis grey-wilsonii
Colchicum agrippinum
Colchicum bivonae
Colchicum 'Lilac Wonder'
Colchicum 'Rosy Dawn'
Crocus ligusticus
Crocus nudiflorus
Crocus speciosus
Crocus speciosus 'Albus'
Dierama pulcherrimum
Eremurus stenophyllus
Fritillaria (s. Seite 38)
Galanthus 'James Backhouse'
Galanthus plicatus 'Washfield Warham'
Galtonia candicans
Galtonia princeps
Geranium tuberosum
Gladiolus × colvillii
Gladiolus communis
Gladiolus papilio
Gladiolus tristis
Ipheion uniflorum
Ipheion uniflorum 'Froyle Mill'
Ipheion uniflorum 'Wisley Blue'
Lilium candidum
Nerine bowdenii
Nerine flexuosa Flexuosa-Gruppe 'Alba'
Nerine undulata
Ornithogalum montanum
Ornithogalum pyrenaicum
Oxalis adenophylla
Oxalis depressa
Puschkinia scilloides
Scilla bifolia
Scilla siberica
Sternbergia lutea
Triteleia laxa
Tropaeolum polyphyllum
Tropaeolum tuberosum
Tulbaghia
Tulipa dasystemon
Tulipa hageri
Tulipa linifolia
Tulipa orphanidea
Tulipa saxatilis
Zigadenus elegans

Gegenüber, von oben nach unten: *Nectaroscordum siculum* subsp. *bulgaricum*, *Cistus populifolius*, *Nigella damascena* 'Miss Jekyll Alba' und *Ribes speciosum*.

PFLANZEN IM KLEINEN KIESGARTEN

Ausdrucksvolle Pflanzen und Vertikalen
Artemisia alba 'Canescens'
Asphodelus fistulosus
Ceratostigma willmottianum
Dierama 'Puck'
Eryngium bourgatii
Eryngium variifolium
Euonymus fortunei
Hebe ochracea 'James Stirling'
Helichrysum stoechas 'White Barn'
Helictotrichon sempervirens
Hyssopus officinalis 'Roseus'
Lavandula (Zwergformen)
Libertia ixioides
Libertia peregrinans
Linum narbonense
Nepeta tuberosa
Perovskia 'Filigran'
Rhodiola heterodonta
Rhodiola rosea
Salvia × *sylvestris* 'Rose Queen'
Sedum aizoon 'Euphorbioides'
Sedum telephium 'Mohrchen'
Yucca filamentosa 'Variegata'
Zigadenus elegans

Gräser
Festuca glauca 'Elijah Blue'
Helictotrichon sempervirens

Niedrige, kriechende Pflanzen
Achillea ageratifolia
Achillea × *lewisii* 'King Edward'
Achillea tomentosa
Anaphaloides bellidioides
Androsace sempervivoides
Antennaria dioica 'Rubra'
Arabis procurrens 'Variegata'
Artemisia glacialis
Artemisia schmidtiana
Artemisia stelleriana
Artemisia stelleriana 'Nana'
Aubrieta 'Silberrand'
Convolvulus sabatius
Cotula lineariloba
Draba aizoides
Eriogonum umbellatum
Frankenia thymifolia
Geranium sessiliflorum subsp. *novae-zelandiae* 'Nigricans'
Gypsophila repens 'Dubia'
Gypsophila repens 'Rosa Schönheit'
Hypericum empetrifolium subsp. *oliganthum*
Hypericum olympicum fo. *minus*
Leontopodium wilsonii
Linum suffruticosum subsp. *salsoloides* 'Prostratum'
Lithodora diffusa 'Heavenly Blue'
Nepeta nervosa
Onosma alborosea
Origanum amanum
Origanum 'Barbara Tingey'
Origanum 'Kent Beauty'
Origanum rotundifolium
Petrorhagia saxifraga 'Rosette'
Phlox douglasii 'Boothman's Variety'
Phlox 'Kelly's Eye'
Phlox × *procumbens* 'Variegata'
Phlox subulata 'Lilacina'
Phlox subulata 'McDaniel's Cushion'
Phlox subulata 'Temiskaming'
Phlox subulata 'White Delight'
Raoulia
Salvia lavandulifolia subsp. *blancoana*
Saponaria 'Bressingham'
Saponaria ocymoides
Saponaria ocymoides 'Alba'
Saponaria × *olivana*
Sedum hispanicum
Sedum hispanicum var. *minus* 'Aureum'
Sedum spathulifolium
Sedum spathulifolium 'Cape Blanco'
Sedum spurium 'Atropurpureum'
Sedum spurium 'Tricolor'

Sedum telephium subsp. *ruprechtii*
Silene uniflora 'Druett's Variegated'
Silene uniflora 'Robin Whitebreast'
Tanacetum densum subsp. *amani*
Thymus Coccineus-Gruppe
Thymus doerfleri
Thymus 'Golden King'
Thymus longicaulis
Thymus neiceffii
Thymus pugelioides 'Bertram Anderson'
Thymus serpyllum var. *albus*
Thymus serpyllum 'Minor'
Thymus serpyllum 'Pink Chintz'
Thymus 'Silver Queen'
Veronica cinerea
Veronica umbrosa 'Georgia Blue'
Zauschneria californica 'Ed Carman'
Zauschneria californica 'Olbrich-Silver'

Zwiebel- und Knollenpflanzen

Allium flavum
Allium karataviense
Allium obliquum
Anemone multifida
Anemone pavonina
Asphodelus fistulosus
Freesia laxa
Fritillaria michailovskyi
Fritillaria pyrenaica
Fritillaria tuntasia
Nerine bowdenii
Nerine filifolia
Nerine undulata
Tulbaghia violacea
Zigadenus elegans

Kleine bis mittelgroße horstbildende Pflanzen

Agapanthus 'Windlebrooke'
Alyssum spinosum 'Roseum'
Antirrhinum hispanicum subsp. *hispanicum*
Armeria alliacea
Armeria juniperifolia 'Bevan's Variety'
Armeria maritima 'Corsica'
Armeria maritima 'Düsseldorfer Stolz'
Artemisia alba 'Canescens'
Aurinia saxatilis 'Citrina'
Aurinia saxatilis 'Dudley Nevill Variegated'
Bergenia stracheyi
Convolvulus cneorum
Crepis aurea
Crepis incana
Dianthus, verschiedene
Diascia barberae 'Blackthorn Apricot'
Diascia barberae 'Ruby Field'
Diascia 'Coral Belle'
Diascia rigescens
Diascia vigilis
Diplarrhena, Züchtung von Helen Dillon
Diplarrhena moraea
Erodium × kolbianum 'Natasha'
Helichrysum 'Schwefellicht'
Hypericum coris
Hypericum olympicum
Hypericum olympicum fo. *uniflorum* 'Citrinum'
Iberis sempervirens 'Weißer Zwerg'
Limonium bellidifolium
Limonium binervosum
Linum flavum 'Compactum'
Lychnis flos-jovis
Nierembergia caerulea
Origanum amanum
Origanum 'Barbara Tingey'
Origanum 'Kent Beauty'
Osteospermum jucundum
Osteospermum 'Lady Leitrim'
Othonna cheirifolia
Primula auricula, gemischte Sorten
Pulsatilla vulgaris
Pulsatilla vulgaris 'Alba'
Rhodanthemum hosmariense
Rhodiola heterodonta
Rhodiola rosea
Santolina chamaecyparissus 'Nana'
Sedum aizoon 'Euphorbioides'
Sempervivum
Serratula seoanei
Sideritis syriaca
Silene keiskei
Silene schafta
Sisyrinchium angustifolium
Sisyrinchium 'Californian Skies'
Sisyrinchium idahoense
Veronica austriaca subsp. *teucrium* 'Kapitan'

Gegenüber, von oben nach unten: *Artemisia alba* 'Canescens', *Convolvulus sabatius*, *Diascia rigescens*, *Tanacetum densum* subsp. *amani*

REGISTER

LITERATURVERZEICHNIS

Grounds, Roger: Ornamental Grasses, Van Nostrand, London und New York 1981
Hillier's Manual of Trees and Shrubs (5. Aufl.), David & Charles, Newton Abbot, Devon 1981
Ingwersen, Will: Ingwersen's Manual of Alpine Plants, W. Ingwersen und Dunnsprint, Eastbourne 1979
King, Michael und Oudolf, Piet: Gardening With Grasses, Frances Lincoln, London, und Timber, Portland 1998
Lloyd, Christopher: Clematis, Viking, London 1989
Lloyd, Christopher: The Well-Tempered Garden, Viking, London 1989
Mathew, Brian: Dwarf Bulbs, Batsford, London 1973
Phillips, Roger und Rix, Martyn: The Bulb Book, Pan, London 1981
RHS Plant Finder 1999–2000, Dorling Kindersley, London 1999
Stuart Thomas, Graham: Perennial Garden Plants: Or the Modern Florilegium: A Concise Account of Herbaceous Plants, Including Bulbs, for General Garden Use, J. M. Dent and Sons, London 1982
Stuart Thomas, Graham: Shrub Roses of Today, J. M. Dent and Sons Ltd, London 1983

DANK DER AUTORIN

Dieses Buch ist das Ergebnis einer großen Teamarbeit. Spiritus Rector dieses Teams war zweifellos mein Mann Andrew, der sich zeit seines Lebens mit Pflanzenökologie befasste und mein gärtnerisches Wirken inspiriert und geleitet hat. Gemeinsam war uns die Freude an der Entwicklung des Gartens, bis Andrew im Alter von neunzig Jahren, am 20. September 1999, mit Blick auf den kleinen Kiesgarten vor seinem Fenster friedlich die Augen schloss.

Erica Hunningher sammelte meine Aufzeichnungen, die ich über eine Reihe von Jahren gemacht hatte. Wie einen Sack voller Flicken für eine Patchwork-Decke sortierte sie alles mit größter Sorgfalt, um es mit untrüglichem Blick für das Ganze zu einem Quilt zusammenzufügen.

Meine Sekretärin Tricia Brett gab den Text in den Computer ein; mit bewundernswerter Geduld ging sie ihn wieder und wieder durch, um sicherzugehen, dass auch das kleinste Fleckchen am richtigen Platz war. Sie und David Ward, mein Geschäftsführer und Obergärtner, waren mir eine große Hilfe beim Korrekturlesen. Zusammen mit der gesamten Belegschaft haben sie dafür gesorgt, dass das Alltagsgeschäft in Gärtnerei und Garten reibungslos weiterlief; in einer Zeit, in der ich sehr auf sie angewiesen war, haben sie mich tatkräftig unterstützt.

Chrissy McDonald, ein weiteres Glied meines Teams, hat mit großem Geschick die Vorsatzblätter der 1. Auflage dieses Buches gezeichnet und koloriert. Auch die Pläne der beiden Beete auf den Seiten 28/29 und 180/181 stammen von ihr. Der Original-Gesamtplan des Kiesgartens wurde von Jill Billington in Gemeinschaftsarbeit mit Studenten von Capel Manor maßstabsgerecht gezeichnet. Der Gesamtplan des kleinen Kiesgartens wurde von Denis Lloyd, Tutor am Writtle College, angefertigt, unter Mitarbeit meiner Praktikantin Yuko Tanabe aus Japan.

Sarah Pickering hat bei der Gestaltung dieses Buches sowohl Zurückhaltung als auch Feingefühl gezeigt. Sie hat eine wunderbare Ausgewogenheit bzgl. Verständlichkeit des Textes und die Anziehungskraft der Bilder erreicht.

Sonst stehe ich auch bei Tony Lord (Chefredakteur des RHS Plant Finder) tief in der Schuld wegen der Aktualität der Pflanzennamen.

Ich möchte außerdem Brian Cook von Hythe Offset, Colchester, für den Druck des Gartenplans, der auf den Vorsatzblättern erscheint, recht herzlich danken.

Nicht zuletzt bin ich Steve Wooster zu Dank verpflichtet, der mit großem Talent jene flüchtigen Momente mit seiner Kamera eingefangen hat. Wie oft war ich regelrecht verzweifelt, wenn ich meinte, dass der beste Zeitpunkt bereits vorbei wäre, die Kamera aber fehlte oder das Wetter uns einen Strich durch die Rechnung machte. Aber wo immer Steve auftaucht, entdeckt er Bilder, von denen ich nie und nimmer geträumt hätte. Er hat das Gespür und den Blick, um mit der Kamera seine eigene Sicht des Gartens zu schaffen.

ANMERKUNGEN DES FOTOGRAFEN

Ich habe Beth Chattos Garten inzwischen immer wieder fotografiert, nachdem ich vor vielen Jahren maßgeblich an der Illustration ihres Buches „The Green Tapestry" (deutsche Ausgabe „Im grünen Reich der Stauden", Verlag Eugen Ulmer 1991) mitgewirkt hatte. Es war in der Tat mein erstes Buch, für das ich Fotos machte; damals wollte ich einfach vom Schreibtisch wegkommen. In der Zwischenzeit haben Stil und Qualität von Fotografie (und Film) ungeheure Fortschritte gemacht.

Als ich vor drei oder vier Jahren nach einer längeren Pause den Garten wieder einmal besuchte, sah ich zu meinem Erstaunen, wie sich der ehemalige Parkplatz verändert hatte. Es war wohl Ende Juni und überall fand ich Pflanzen und Blüten, die aussahen, als wären sie schon immer hier gewesen. Von diesem Tag an wusste ich, dass es genug Material für ein Buch gab. Obwohl der Kiesgarten ein relativ kleines Areal umfasst, ist die Bepflanzung so vielgestaltig und dicht, dass man Bände damit füllen könnte.

Zum Glück konnte ich mir mehr als ein Jahr Zeit lassen, den Garten zu porträtieren. In den ersten Bildern (in mittelgroßem Format) ist meine Vorliebe für weite architektonische Bepflanzungen unverkennbar. Im Verlauf der Arbeit wurden die Bilder aber zunehmend „intimer" und kleinformatiger. Einige der letzten Fotos zeigen Nahaufnahmen mit kleinsten Details wie die Tautropfen auf einem Blatt und die Bärte der Irisblüten. Ich bin Beth sehr dankbar, dass sie mich immer wieder auf kleine Kostbarkeiten aufmerksam gemacht hat – Pflanzen, die ich kaum je beachtet hätte, weil ich vorrangig auf große Effekte fixiert war.

Weil die Bepflanzung so vielgestaltig ist, boten sich das ganze Jahr über Motive, die zum Fotografieren verlockten. Das Wetter kam mir allerdings nicht immer entgegen; wie so oft erschwerte auch der Wind die Arbeit des Gartenfotografen. Früh morgens war es zwar meist windstill, aber an sonnigen Tagen im Hochsommer konnte das Licht bereits um 8.00 Uhr zu grell sein – so etwa, wenn unversehens die Sonne über die *Leylandii*-Hecke flutete, die den Garten nach Nordosten hin abschirmt. Ein weiterer Vorteil ist, dass um diese Zeit noch keine Besucher da sind. Dennoch fotografiere ich lieber am Abend, weil das Licht sanfter ist, obwohl am Morgen aufgenommene Bilder unverzichtbar sind: Im Sommer fangen sie den Tau, im Winter den Raureif ein. Danken möchte ich Tricia für ihre Wettervorhersagen, aber auch David, und nicht zuletzt dem freundlichen und stets entgegenkommenden Team, das mich bereitwillig unterstützte, wo immer ich Hilfe benötigte.